小贝壳　大世界

Little Shell　Huge World

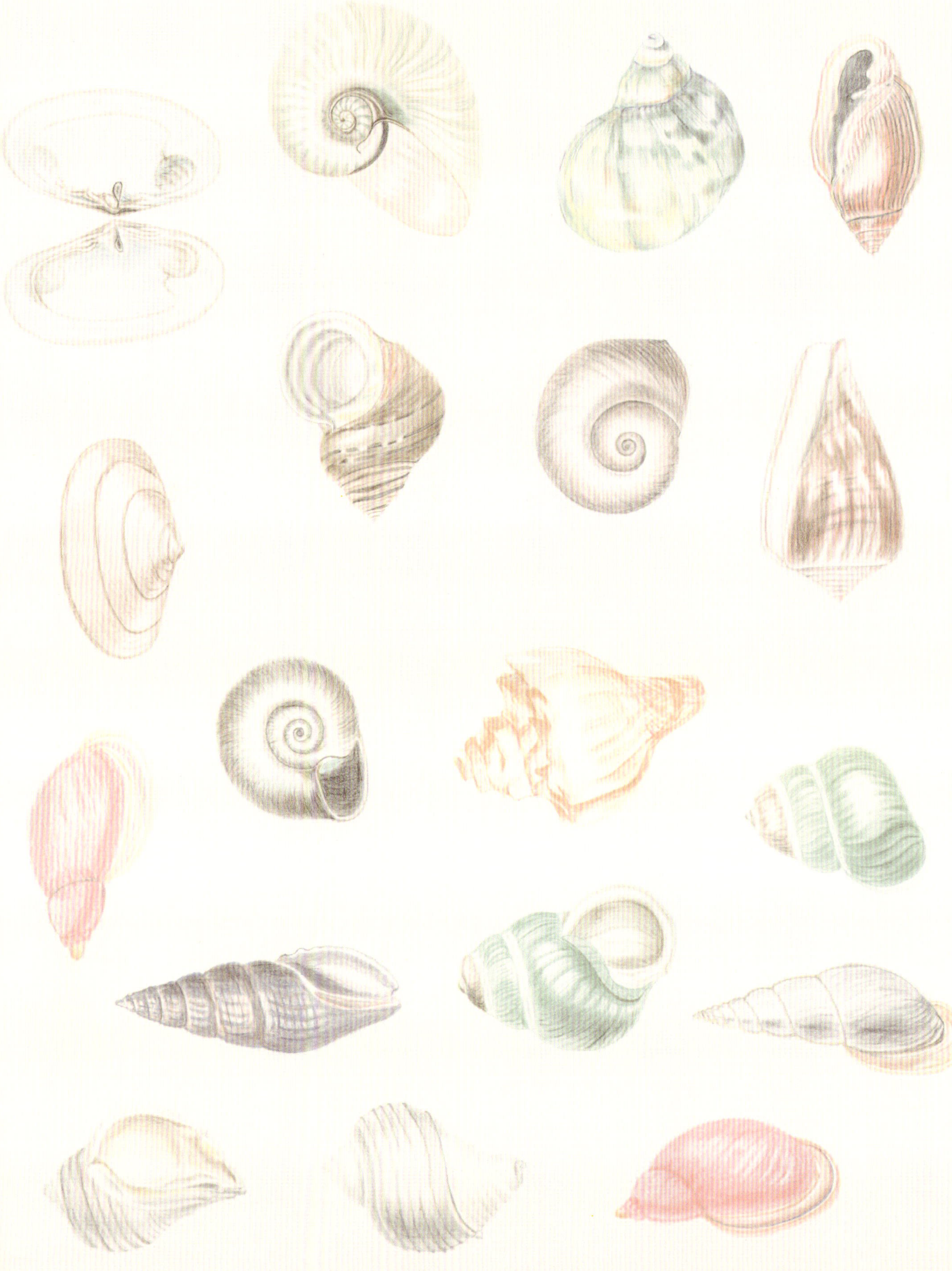

小贝壳 大世界

Little Shell   Huge World

第一辑

①

贝壳不简单

青岛贝壳博物馆 ／ 编著

中国海洋大学出版社

·青岛·

一贝通世界

海贝不仅是海洋生物的代表，透过小小的贝壳还可以与天文、地理、物理、生物、化学、医药、建筑、美学、数学、哲学等近 24 个学科专业建立起桥梁关系。因此可以说，给你一枚贝壳，你就可以撬动一个世界。

"小贝壳 大世界"丛书依托青岛贝壳博物馆平台研究成果，带你一起探秘贝壳。旨在让更多青少年通过贝壳这个窗口了解海洋生物、认识自然；有助于培养青少年科学兴趣，建立科学思考的习惯，启发探索精神。

编创特色

- ✓ 坚持"人与自然和谐共存"的理念，主张科学知识与人文情怀并举。
- ✓ 素材生活化、趣味化，兼顾科学理论的同时，注重引导和培养孩子的兴趣。
- ✓ 每本书系统介绍一个主题，给出线索重在启发，锻炼孩子的整体观和创造力。
- ✓ 科学传真，图文并解，每本书有上百幅精细化插图及实景拍摄图片，以求提高孩子的审美鉴赏力。
- ✓ 本书涉猎贝壳来自全球 60 多个国家和地区，研究成果也是基于 STEAM 教育理念，打破常规学科界限设置，视野开阔，意在培养孩子们融会贯通的大能力。

编委会

主　　编　耿秉

执行主编　李宗剑

编　　委　耿　直　丁晓冬　唐艳霞　张丽婷

　　　　　孙艳林　王　晓　吴欣欣　郭　利

本册文稿编撰　　解梦缘

插　图　绘　制　林文静　张燕双　隋宁宁

支持机构

青岛西海岸新区科学技术协会

青岛西海岸新区文化和旅游局

目录
CONTENTS

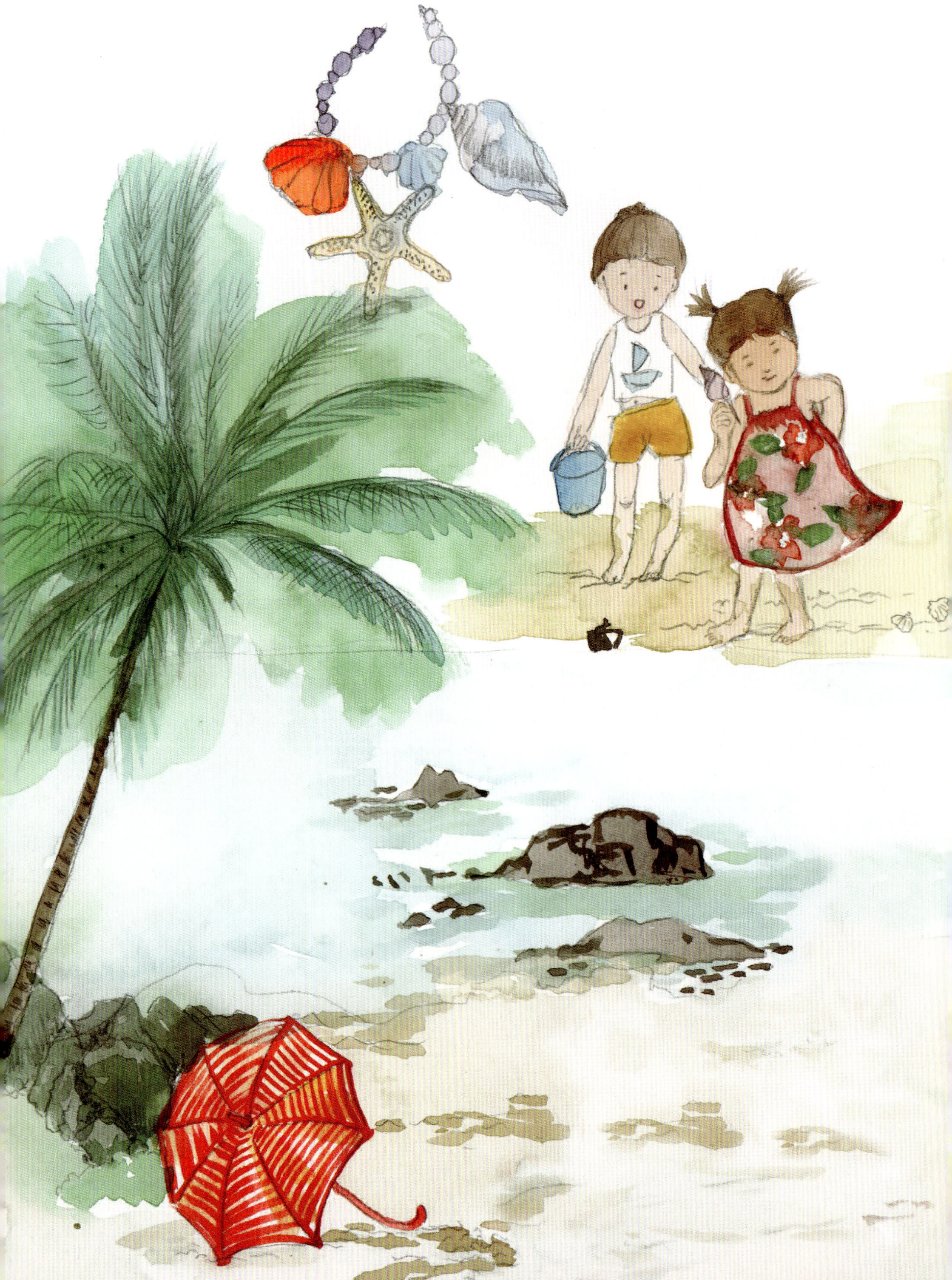

本册主题

贝壳仅仅是已经死掉的生物骨骼？绝非这么简单！

你都在哪里见到过贝壳呢？

餐桌上的牡蛎、扇贝，还是海滩上捡到的零星贝壳？

当你和小伙伴赶海时，可曾留意到贝类在泥滩上留下的爬痕？

当你在礁石上玩耍时，可曾想到这是哪种小动物的家园？

当你手握贝壳时，可曾观察过它五彩斑斓的色彩、千奇百怪的形状……

贝壳仅仅是已经死掉的贝类的壳吗？绝非这么简单！

一起来通过小小的贝壳，走进大大的世界吧。

颜色之美：大自然的"调色盘"

　　提到贝壳，你首先想到的是哪一种？蛤蜊、扇贝，还是法螺？你知道么，贝壳的世界丰富着呢，从颜色、花纹到造型，贝壳之美，超乎想象。

　　赤橙黄绿青蓝紫，自然界的大部分颜色几乎都能在贝壳上找到。

有的贝壳由两种或两种以上的颜色组成，甚至同一种类的贝壳也会呈现截然不同的色彩。因此，贝壳有"大自然的调色盘"之美誉。

翠绿的绿巴布亚蜗牛

漂亮混搭的白发带蛹笔螺

色彩亮丽的亚当斯树栖蜗牛

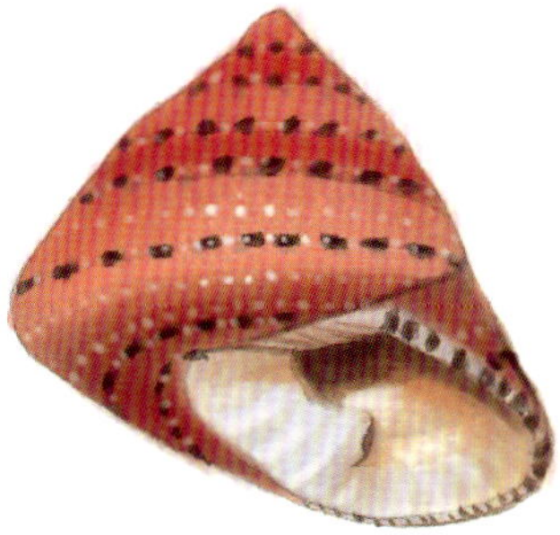

令人垂涎的草莓钟螺

如果你在沙滩上收集过贝壳，那么一定见识过各种类型的贝壳，有些上面有五彩斑斓的图案，而有些则是暗淡无光且只有简单的白色。近日有研究人员发现，通过紫外线及其辅助手段能够让这些已经褪去色彩的贝壳重新找回丢失的颜色。

肉眼所见

原来这枚贝壳最初有这么漂亮的颜色！

紫外光下

对颜色进行反转

花纹之美：千变万化的"万花筒"

　　贝壳不止颜色丰富多彩，就连花纹也像"万花筒"一样千变万化。贝壳的花纹有横向花纹、纵向花纹，有网状纹、波浪纹、三角纹，有斑点、原点，甚至还有很多不可思议的风景画。下列这些贝壳能给你带来哪些灵感呢？

图案之美

乐谱涡螺

寡妇芋螺

油画海扇蛤

风景榧螺

秀峰文蛤

曲线之美

"曲线之美，乃作天成"，流畅的线条与曲面如同触摸得到的旋律，贝壳上的曲线无处不在，造物主妙不可言。

白兰地涡螺　　　　车轮螺　　　　雨丝蜑螺

细纹玉螺　　　　紫金丽口螺

贝壳界的"圆点控"

　　不同颜色和大小的圆点叠加，容易产生视觉动感，在时尚界是一种非常受欢迎的设计。这仅仅是人类的专利吗？不！快看过来，贝壳也很"潮"。

花鹿宝螺

玛利亚宝螺

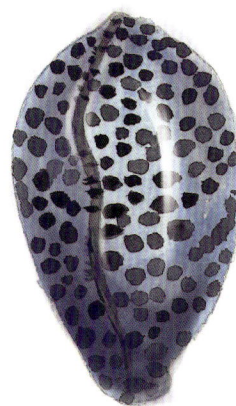

黑星宝螺

白星宝螺

芝麻芋螺

造型之美: 鬼斧神工的"造型师"

　　除去颜色、花纹，贝壳的造型也是千奇百怪，让人浮想联翩，它们本身就是鬼斧神工的"造型师"。

漂亮的心鸟蛤

翩翩起舞的岩石芭蕉螺

杀气腾腾的蝎螺

"维纳斯女神的梳子"维纳斯骨螺

"长鼻子"马丁螺

美若太阳的扶轮螺

小小的贝壳，保护大大的海洋

　　小小的贝壳在地球上已有 5 亿多年的历史了。5 亿多年来，它们对海水的净化、海洋的生态以及大气的循环都起到了非常重要的作用。

　　贝壳"骨骼"成分的百分之九十都是"石头"——碳酸钙。一个个贝壳，犹如一块块可以生长的石头。亿万年来，每一个贝壳的生长都会固定海洋里溶解的二氧化碳。海洋吸收了世界上约三分之一的二氧化碳，那这些二氧化碳到底又有多少被贝壳吸收了呢？

　　贝壳不仅能溶解二氧化碳，还能固定微小的钙离子、铜离子，锰、铅等重金属离子，在贝壳的骨骼里大约含有 20 种以上的微量元素呢。

　　请你设想下，如果贝壳减少或者消失，都会带来哪些"蝴蝶效应"呢？

贝壳不仅是很多微生物的家，还会被海水分解，为海洋提供更多的钙离子供养其他生物利用。还有一些贝壳被海水带到海边形成了美丽的沙滩。

　　贝壳会给很多海洋生物提供居住地，而寄居蟹只是我们最熟悉的一种而已。它们也给许多其他生物提供躲避危险和隐藏捕食的场所。

　　来往于海滩边上的鸟类，将贝壳作为建筑材料，修窝筑巢。

寄居蟹换房子

小寄居蟹一天天长大了，它需要给自己换一所大房子，原来的房子是一个捡来的小田螺壳，又小又旧太寒碜了。"这回我得给自己换个又大又酷的房子！"

1

它沿着沙滩爬呀爬，发现了一个印着图案的酒瓶盖，"这个样子有点酷，至少看起来像一只有故事的蟹子！"它赶紧钻进去试了下，可没过几秒就爬出来了，"这个房子太小了！"

于是它继续寻找，还真找到一个大罐头瓶，赶紧钻进去再试。"哇哦，视线360度一览无遗，不错嘛！"可过了几天，小寄居蟹不开心了，因为它突然觉得这个房子大是大了，但完全无隐私，身边的小伙伴经常对它的体型指指点点。

2

3

直到有一天，它发现了一个漂亮的海螺壳，眼前一亮："哇，这造型、这花纹，简直是理想中的家呀！"小寄居蟹去敲了敲门，"太好了，没有人在！少了一场大战！"

小寄居蟹钻到里面，试着背了下，"嗯！大小、尺寸简直完美！"然后它粘了一朵海葵、一只珊瑚和一个海星在自己的壳上，请来一条会发光的鱼做邻居给自己照亮，还用石头给自己的家垒了一道结实漂亮的墙。"我得把我这漂亮的房子子子孙孙传下去！"它得意地想着……

4

寄居蟹又名白住房、干住屋。其最著名的习性就是在它们的身子逐渐长大的过程中，它们会定期更换更大的"屋子"居住。寄居蟹的房子有各种各样的贝壳，甚至由于生态环境恶劣会用瓶盖来充当家。在海边，如果你看到一只海螺轻巧地爬来爬去，里面藏的一定是寄居蟹，因为海螺只会慢吞吞地爬。

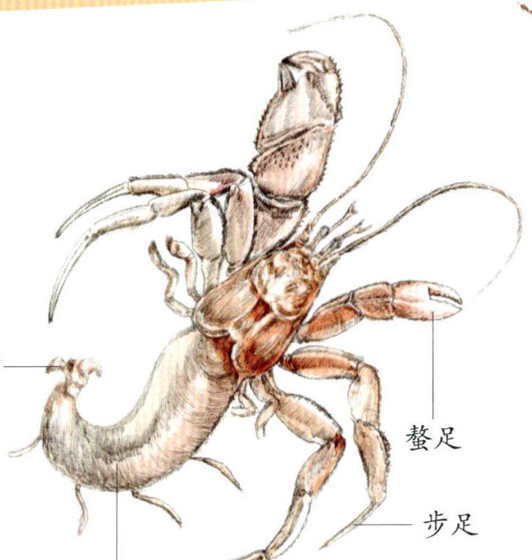

不断变换螺壳的寄居蟹

尾节

螯足

步足

腹部

哈哈，就像一只威武的大虾！

原来这才是寄居蟹的真面貌！

贝博堂

贝类家族，地球上迷人而神秘的居民

神奇的自然界是孕育生命的摇篮，在形形色色的生命体中，有一群奇特的动物，由于它们身体柔软、不分节，因此被称为软体动物，又因为他们大多数披有石灰质外壳，所以也被称为"贝类"。其斑斓的外壳，玲珑的螺体，怪异的形态，无不使人赏心悦目、爱不释手。

提到软体动物的时候，许多人马上就会联想到那些黏糊糊的东西，印象中它们行动迟缓，既枯燥又乏味，事实并非如此。实际上，软体动物是地球上最迷人、最神秘的居民。

——著名生物学家和科学记者　迪特玛·迈腾斯博士

为什么有的物种长盛不衰，有的则顷刻灭亡。身体构造无与伦比的鹦鹉螺，小小的蛤，完美进化的鱿鱼，从它们身上我们能找到共同祖先的影子，身体结构说明了一切，它们都是软体动物。事实证明，软体动物是适应性很强的动物。

——纪录片《生命的形状：生存者的游戏》

贝类家族的演化

　　大概在 5.7 亿到 5.4 亿年前，贝类的祖先可能就出现了。从软体动物第一次亮相开始，其生命形式的演变就走向了戏剧般的道路。几亿年的进化，足以让软体动物的头、足等发生各种各样的变化，分化出的七大类软体动物渐渐浮出水面。

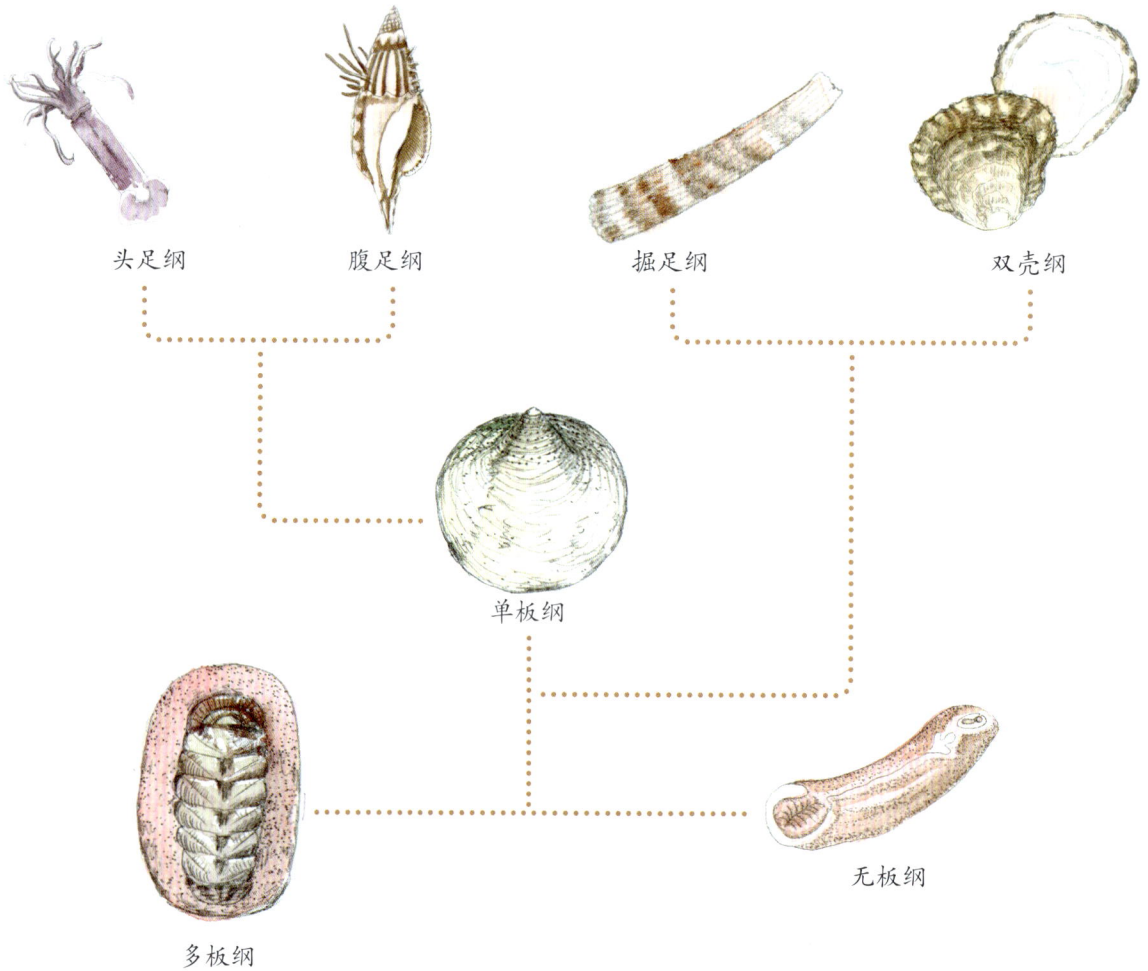

头足纲　　　腹足纲　　　　掘足纲　　　　双壳纲

单板纲

多板纲

无板纲

胃　贝壳　生殖孔　心脏　肾　神经中枢　肛门

前闭壳肌

出水孔

口

入水孔

唇瓣　足　肠　性腺　外套膜　鳃　后闭壳肌

双壳类身体结构图

虽然贝类形态迥异，看上去没有多少相似之处，但在千变万化中却藏有恒常之道。它们身上有一些基本特征，这使它们区别于节肢动物、环节动物、哺乳动物等。贝类拥有自己的"边界"，这是大自然为它们设置的只属于贝类族群的"身份证"。

通常，我们把软体动物的身体结构划分为头、足和内脏囊三个部分，这种划分方法适用于多数但不是所有的软体动物。插图显示了软体动物门三个主要属的身体内部结构。

贝壳　蛋白腺　两性腺体

肠　两性管

肺　输精管

肛门　输卵管

眼睛

生殖孔　胃　肾　心脏

感觉器　输尿管

齿舌　唾液腺　腹足腺　食管嗉囊　足

神经中枢

腹足类雌雄同体身体结构图

卵巢　墨腺

生殖腔

盲囊　墨囊管

胃　心脏

肾囊

食管　肌肉

乌贼骨　鳃

唾液腺　输卵管

头囊

脑　漏斗

触手神经

触手　口

头足类身体结构图（雌性）

多种多样的贝类家族

软体动物（有壳或无壳）约有 105 000 种，种类之多仅次于节肢动物，为动物界第二大门类。它们的生活习性随种类的不同和地理分布各异而千姿百态。大自然的造化赋予了这类动物神奇的生存方式。

软体动物共有 7 个纲：无板纲、单板纲、多板纲、腹足纲、掘足纲、双壳纲、头足纲。其中 95% 的软体动物属于腹足纲和双壳纲。仅腹足纲及双壳纲有淡水生活的种类，腹足纲还有陆生种类，其他各纲均在海洋生活。

石鳖

多板纲

　　多板纲全属海生，常见于沿岸潮间带岩石裂隙中，以藻类、有孔虫等小动物为食料。生存于晚寒武世至今。该纲最常见的代表是石鳖。石鳖身躯扁平，很容易躲到岩石的缝隙中，腹足宽平，也很适宜在岩石表面活动，因此它们很喜爱生活在礁石较多的地区。正是由于这种特性，石鳖不经意间为单调的岩石群注入了鲜活的生命色彩。瞧，多姿多彩的石鳖多像"雨花石"。

掘足纲

掘足类全部为海产，自潮间带至数千米深海都有分布。它们过着埋栖生活，用圆筒形的足掘泥斜埋于底质中，顶端露在底质之上。贝壳呈象牙状，足圆锥形。常见的代表为角贝，生存时代为奥陶纪至今。

缝角贝

角贝贝壳的色彩通常非常单调，除了白色就是灰色、灰白色，偶尔能见到黄色和绿色，而且颜色都很暗淡，虽然它们"行事低调"，但是角贝家族中也有美丽的物种，它的名字就和它本身一样，叫美丽缝角贝。

双壳纲

双壳纲是软体动物中的第二大纲，种类大约在 8 000 ~ 20 000 种之间。该纲动物全部生活在水中，大部分海产，少数在淡水，极少数为寄生。一般运动缓慢，有的潜居泥沙中，有的固着生活，也有的凿石或凿木而栖，少数营寄生生活。主要特征是有一对贝壳，一般左右对称，也有不对称的。双壳纲的寿命很长，有些种类的寿命长达上百年。很多种类对人类来说，具有很大的经济意义，被大量食用，如扇贝、蛤蜊、牡蛎等。

动物界中真正的老寿星

在你的印象里，最长寿的动物是什么？你的答案可能是海龟。据《世界吉尼斯纪录大全》记载，海龟的寿命最长可达 152 年，是动物中当之无愧的老寿星。可是，你可能还不知道，世界上最长寿的动物并不是海龟，真正称得上"寿星"的动物出现在双壳纲中。2013 年 11 月，科学家认定一只名为"明"的北极蛤寿命为 507 年，是目前已知最长寿的动物。

北极蛤"明"

腹足纲

腹足纲是软体动物门中最大的家族，全纲约有 88 000 种。它们分布在海洋、沼泽、高山和平原上，是唯一能成功在陆地上"定居"的软体动物。它们的足部通常位于身体的腹面，跖面特别宽广，适于爬行统称"腹足纲"。

腹足纲通常具有一个螺旋形的贝壳，但是贝壳的形态变化很多，各不相同。例如：帽贝科的贝壳如同一把撑开的小伞；锥螺和笋螺的贝壳纵轴极高，呈长锥形和笋状；而玉螺则介于两者之间，近似球体。螺的贝壳每旋转一周称为一个螺层，螺层的数目随种类的不同相差很多，如笋螺可达 20 层，而鲍类螺层很少，每一螺层上常有各种花纹、斑点和突起物如肋、棘、疣状突等。

形态各异的腹足纲

头足纲

　　头足纲分布在所有海域的所有深度，从浅海至数千米的深海都可以寻觅到头足纲家族成员的踪迹。头足纲现存的动物不足 1 000 种，大多是没有外壳的软体动物，如人们熟悉的乌贼、章鱼等。头足纲动物为全部海生，肉食性，身体两侧对称，分头、足、躯干三部分。头部发达，两侧有一对发达的眼；足部"特化"为腕和漏斗，故称头足类。

　　头足纲是经过高度演化的动物，动作非常敏捷，多是出色的捕猎能手。它们的成长速度很快，但是寿命相当短，通常 1–2 年。

贝壳问号堡

贝壳究竟有什么作用呢?

贝壳对于软体动物来说,可谓"万能神器",每种贝类针对自身情况自显灵通。

首先,贝壳作为一个固定结构,能为它们的身体提供一定的支撑力和稳定性。

其次, 贝壳包裹住它们的身体,可以有效防止受到侵害、避免脱水,并在一定程度上抵御敌人。

再者,对于双壳类来说,两片贝壳的闭合,身体缩回壳内都是通过肌肉完成的,所以贝壳是肌肉赖以依附的地方; 对于头足类来说,内壳和外壳具有悬浮作用。它们的贝壳内充满了一定的气体和液体,这样能使它们漂浮在水中。

还有些贝类借助自己的壳打开猎物紧闭的壳瓣,这就是拼硬度的时刻了。甚至有贝类把贝壳当作运动的辅助工具,如鹅足螺。还有的把贝壳当成孵化室、储水室的等等。

借贝壳运动的鹅足螺

贝壳城堡是怎样筑成的？

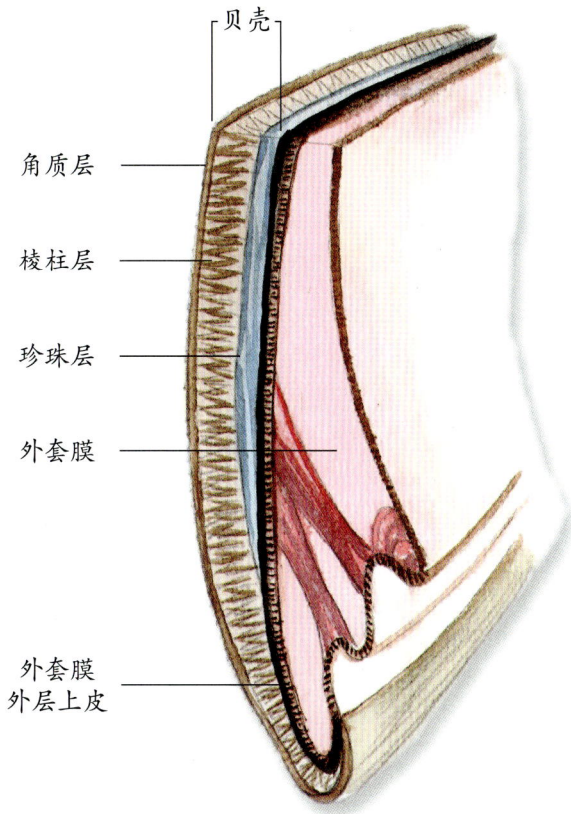

贝壳

角质层

棱柱层

珍珠层

外套膜

外套膜
外层上皮

贝壳结构图

典型的贝壳由三层结构组成，包括最外面的角质层、中间的棱柱层、里面的珍珠层。但不是所有的贝类都有这三层，如乌贼就只有内壳，结构就相当于棱柱层或角质层，没有珍珠层。

归根到底，贝壳的形成取决于外套膜。外套膜的最外层有一种特殊的腺细胞，能分泌出钙化物和某些蛋白质，从而形成贝壳。外套膜整个表面的分泌物，促使贝壳厚度不断增加，而外套膜边缘分泌物则使贝壳不断变大，并决定了贝壳的形状。

在贝壳生长过程中，外套膜边缘如果起皱拱起，就会导致贝壳长出棘刺、隆起物等。

长出棘刺、隆起物的贝壳

神奇"修复术"

贝类在"建造"贝壳的过程中，有时会遭遇灾难，甚至会造成贝壳破损。但是不用为此担心，海贝有从内部修缮"城堡"的能力。有的看上去很难修缮的部分也不成问题，因为神奇的外套膜拥有神奇的"自我修复术"。它会先分泌一层"十"字状的结晶体以增加贝壳的强度，接着，再分泌一层物质，这层物质像是融合了蛋白质的"砖块"，它们交错相叠，这样能防止贝壳"城堡"裂痕的扩散。但在贝壳表面，这道裂纹却会留下终身的印记。

螺旋生长

贝类在建筑自己的"房子"时，是由小到大螺旋上升的，也就是从壳顶以不同的形状向上螺旋生长的。仔细观察你会发现，它的螺旋部仿佛是一座有盘山公路的山，它的整个生长过程就像是围绕一根"假想"的中轴线盘旋而行的。

前面我们讲，贝壳的颜色、图案、造型千变万化，这是怎样形成的呢？

贝壳的外形是由外套膜边缘受食物不充足、季节变化、生殖期间等的影响而中断分泌的结果。

贝壳的颜色和图案取决于外套膜边缘的色素细胞是源源不断地还是间歇地把色素分泌到正在生长的贝壳之中。

所以，贝壳外层的多条深浅颜色相间、同心环状的生长线，并不代表年龄。颜色的面积大小和形状，则由活化细胞的数量、空间排列结构和色素分泌持续的时间来决定。

为什么软体动物总是黏乎乎的？

软体动物身上的黏液是黏液腺分泌的液体。黏液的成分各不相同，主要是由水和各种蛋白质及碳水化合物组成。

黏液对软体动物作用很多。首先，黏液大大降低了摩擦力，有助于它们爬行，相当于润滑剂；其次，对于蜗牛来说，还是粘贴剂。这样蜗牛头朝下倒贴的时候，就不会掉下来；再者，黏液的吸水性很强，可以使皮肤保持湿润，并进行正常代谢。与此同时，黏液里的有效成分还可以结合它们生长环境中的物质形成坚硬的碳酸钙与贝壳质，帮助它们生长变大，即使外壳遇到小破损，也可以借助黏液的修补，形成一座座坚实的小房子。

此外，软体动物分泌的黏液对我们人类也有重要的作用。这些不起眼的黏液能够帮助我们愈合伤口，防止因意外或手术而形成的疤痕。古希腊时期，西方医学之父希波克拉底就曾使用碾碎的蜗牛与牛奶混合起来治疗皮肤伤疤。

希波克拉底画像

27

小小观察家

生活贝类大发现

留心观察下，生活中你都能见到哪些贝壳或贝类呢？

牡蛎 吃牡蛎最好的季节在冬季。

扇贝 扇贝柱是指它的身体与壳相连部位的一块发达的闭壳肌。

竹蛏 长出足后，竹蛏会用足在泥沙中挖掘一个洞穴，在洞穴中生活。

菲律宾蛤仔 俗名花蛤，肉质鲜美，颜色和花纹多种多样。

短滨螺 俗称香波螺。它的螺壳是寄居蟹最喜欢的房子之一。

皱纹盘鲍 鲍鱼叫鱼但不是鱼而是螺；可做经典国宴菜；中医炮制鲍鱼壳被称为石决明，有平肝清热功效。

我的观察日记

时间　7 月 10 日

天气　晴热

观察时间　下午 2 点到 5 点

今天爸爸妈妈带我去海边吃了一顿海鲜烧烤大餐，滋溜滋溜吸着海螺，呼噜呼噜尝着海蛎子。

海风阵阵吹来，凉快极了，美好的暑假开始啰！

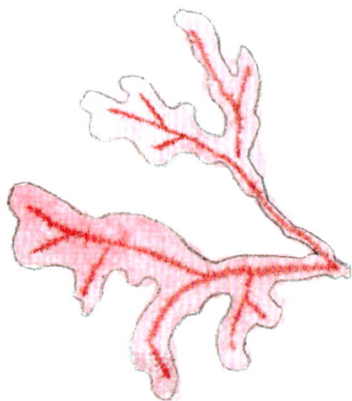

这是贝贝的暑假旅行日记。你也来记录下属于自己的海边观察日记吧。试试看能否区分出哪些动物属于贝类？

时间 8月20日

天气 多云

观察时间 下午2点到5点

　　今天去沙滩玩的时候，我们抓到了好几只寄居蟹，爬得可快了。

　　在海边石头上看到了短滨螺、牡蛎、藤壶。

　　在沙滩上看到了泥螺、海星、石花菜。

探索·小·任务

☆	是否属于贝壳
海 螺	✔
牡 蛎	✔
寄居蟹	✖
藤 壶	✖
海 星	✖

无处不在的贝壳

贝壳，是人类货币始祖。

贝壳形态，影响了甲骨文构字形式。

海贝药用在我国有着悠久的历史。

贝类，是天然美味佳肴。

唐代鸬鹚杓和海螺酒杯，传说中的"葡萄美酒夜光杯"。

贝壳饰品、贝雕

贝壳纽扣、珍珠

明瓦镶嵌的窗户，由窗贝（海月）制成。

贝精彩教室

奇趣贝壳大盘点

贝壳界金字塔——龙宫贝

在贝壳的世界里，有一种古老的物种，它的贝壳被人们称之为"贝壳界的金字塔"，大家看像不像？在中国，人们称它为"龙宫贝"，因为它也很像海龙王的宫殿。其实它的英文名字意思是"裂缝贝壳"，因为在它们的贝壳上有一道长长的裂缝。它可是5.7亿年前就出现在地球上的海洋生物。5.7亿年是什么概念呢？可以这样对比下，大家熟知的恐龙最早出现在2.4亿年前，而龙宫贝比恐龙还要早3.3亿年，所以毫不夸张地说，龙宫贝可是恐龙的"爷爷的爷爷"啦。

不过，更令人称奇的是，在如此漫长的岁月里，绝大多数物种不是灭绝就是变种，而龙宫贝却保持着原样，历经沧海桑田，岿然不动。于是，生物学家们将龙宫贝誉为海洋贝类中的"活化石"，认为其科研价值不亚于陆地上的"大熊猫"。

● **中文学名**：龙宫翁戎螺

● **门**：软体动物　　● **纲**：腹足纲　　●**科**：翁戎螺科

● **分布**：中国台湾、日本、印度尼西亚沿岸

● **特征**：其主要特征是壳口有一道长长的裂缝。外壳颜色红黄相间，通体如熊熊燃烧的火焰，又像是沐浴在夕阳晚霞里的金字塔，还像镀上黄金的宫殿。

海洋活化石——鹦鹉螺

　　有"海洋活化石"美誉的鹦鹉螺最早发现于寒武纪晚期，奥陶纪最兴盛，种类繁多，分布极广。同龙宫翁戎螺一样，鹦鹉螺历经几亿年演变，其外形、习性变化很小，在研究生物进化和古生物学等方面有很高的价值。

　　鹦鹉螺有发达的脑、循环系统和神经系统。无墨囊；心脏、卵巢、胃等器官生长在靠近螺壁的地方，保护得很好。鳃 2 对；雌雄异体，有着很大的卵。鹦鹉螺有螺旋状外壳，是现代章鱼、乌贼的亲戚。

● **中文学名：**鹦鹉螺

● **门：**软体动物门

● **纲：**头足纲

● **分布：**仅存于印度洋和太平洋

● **特征：**世界四大名螺之一，海洋软体动物，壳薄而轻，呈螺旋形盘卷，壳的表面呈白色或者乳白色，生长纹从壳的脐部辐射而出，平滑细密，多为红褐色。整个螺旋形外壳光滑如圆盘状，外形酷似鹦鹉嘴，故得名"鹦鹉螺"。

同学们，你知道世界四大名螺分别指什么？
有海洋活化石之称的贝类都有哪些呢？

千手观音

鹦鹉螺通常有60—90只触腕，这些触腕不仅具有运动功能，还能够捕捉猎物；在它们休息的时候这些触手有的负责"放哨警戒"，有的则负责勾住海底的悬崖峭壁便于休息。所有触腕的下方，有一个类似鼓风夹子的漏斗状结构，通过肌肉收缩向外排水，以推动鹦鹉螺的身体向后移动。

鹦鹉螺通常晚上活跃，白天则在海洋底质上歇息，其触腕握在底质岩石上。鹦鹉螺是腐食性动物，食物主要是小鱼、软体动物、底栖的甲壳类，特别以小蟹为多。在暴风雨过后的夜里，鹦鹉螺会成群结队地飘浮在海面上，被水手们称为"优雅的漂浮者"。

鹦鹉螺的剖面，像是旋转的楼梯呢。

生物潜水艇

　　鹦鹉螺的贝壳很漂亮，构造也颇具特色，这种石灰质的外壳大而厚，左右对称，沿一个平面作背腹旋转，呈螺旋形。贝壳外表光滑，灰白色，后方间杂着许多橙红色的波纹状，壳有两层物质组成，外层是磁质层，内层是富有光泽的珍珠层。被截剖的鹦鹉螺，像是旋转的楼梯，又像一条百褶裙，一个个隔间由小到大顺势旋开，它决定了鹦鹉螺的沉浮，被分隔成许多独立的小房间（到目前为止解剖发现最多的有38个隔断），各隔断之间有一根体管相连通，通过控制房间内的气体排放来完成身体在水中的升降，最外边的一间是最大的，用于存放鹦鹉螺的身体。各腔室之间有隔膜隔开，室管穿过隔膜将各腔室连在一起，气体和水流通过室管流向壳外，这正是开启潜艇构想的钥匙，第一艘核潜艇因此被命名为"鹦鹉螺"号。

丛林中的"彩色糖果"——古巴蜗牛

说到蜗牛，大家肯定不陌生。从高山到平地，从森林到菜园，从清晨到以后，经常可以见到蜗牛的身影。蜗牛种类非常之多，遍布全球，据统计世界各地有蜗牛 40 000 种。

眼

生殖孔

触角

口   呼吸孔   肛门   足

蜗牛全身没有骨骼，几乎都是肌肉，而且身躯柔软。其身体下面有一块十分有弹性的肌肉，这就是蜗牛用来爬行的腹足。腹足很特别，能随着肌肉的不断伸缩而移动。当蜗牛爬行的时候，会分泌很多粘液遍布足面，无论爬到哪，都像是给自己专门铺了一个"地毯"，起到隔垫作用。因此，蜗牛可以爬过锋利的刀刃，毫发无损。

有一种蜗牛，色彩斑斓，占全了赤橙黄绿青蓝紫七种颜色，而且还拥有配色魔术，各种美丽的花纹条带有序排列，惊艳至极，宛若绚丽的糖果在丛林中漫步。这种彩色蜗牛来自古巴，又叫作古巴糖果蜗牛或彩虹蜗牛，被公认为世界上最漂亮的蜗牛。

古巴彩色蜗牛一生的大部分时间生活在树上，只有到了繁殖季节才会下到地面。它们的卵产在地上，需要几天时间孵化，之后小蜗牛会重新回到树上。它们以菌类为食，对环境湿度、光照、温度和盐度的变化敏感。古巴彩色蜗牛对环境要求较高，除了古巴不能适应其他地区，它们对当地的生态平衡起着至关重要的作用。

在古巴的一个原始部落，有一位美丽的印第安姑娘和酋长相恋了。

姑娘说：我想要一个独一无二的礼物，才不稀罕什么珍珠财宝！

酋长恨不能把整个世界都给她，可是怎么给呢？他冥思苦想。

这天，酋长起来先是捕获到了太阳的色彩，然后再加上山的绿，花的粉，浪花的白，他把这些代表全世界的颜色装在一个宝盒里，满含爱意，施加魔法。

天黑了，蓝色老是调皮地跳出宝盒，一遍又一遍。酋长想，来不及了，我干脆换成黑色吧。

第二天一早，酋长手捧宝盒送给姑娘，如此奇特的创意令她眼花缭乱，她高兴地跳起了舞，旋律化作一缕缕灵光融入宝盒。

惊奇的是，宝盒里的色彩幻化成了一只彩虹般的蜗牛，唯独没有蓝色。这真是大自然的馈赠呀。酋长和姑娘开心极了。

从此，在部落里，彩虹蜗牛被视为珍宝，象征着家园，寓意着坚韧不拔的幸福追求。

自然界蜗牛奇葩大会

陆地最大的蜗牛

非洲大蜗牛

它是最大的陆地蜗牛，体长可达到 20 厘米，直径 10.16 厘米，其体型相当于成年人的拳头大小。它们是贪婪的进食者，食物包括农作物、林木、果树、蔬菜、花卉等，饥饿时也取食纸张和同伴尸体，甚至能啃食和消化水泥。

颜值最高的蜗牛

海蝴蝶蜗牛

它属于一种海洋蜗牛，是目前人类已知的唯一没有外壳的蜗牛。尽管没有外壳，但是海蝴蝶蜗牛却是所有蜗牛中颜值最高的一种。它们有着半透明夹杂着橙黄色或者是暗红色的美妙躯体，身体上半部分还有一对儿类似于双桨的翅膀宛如"冰海天使"。

黄金象蜗牛

　　它颇似蜗牛、芒果和大象的杂交体，这种可爱的腹足类动物像是一个"失败"的基因实验杂交动物。黄金象蜗牛通常使用其特殊的"鼻子"在沙层中筛选并获取食物。

紫泡筏蜗牛

　　它长着美丽的紫罗兰外壳，通过包裹空气在黏液之中，采集一定数量的气泡。之后它使用气泡混合物作为筏，实现远距离海洋旅行。粘液筏拥有很多功能，除了充当一个漂浮装置外，还是卵存储区和幼仔的活动平台。

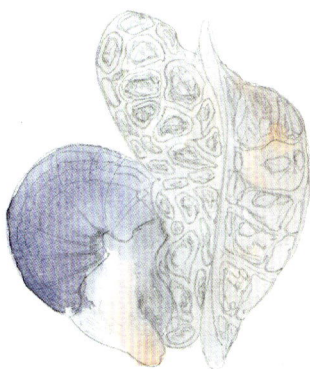

透明洞穴蜗牛

　　这种幽灵般的蜗牛物种被发现于世界上最深的洞穴之一克罗地亚韦莱比特洞穴，它的全身透明无色；由于洞穴没有光线照射进来，它们逐渐进化失去了视觉能力。它们没有眼睛，它们身体很小，行动非常缓慢，爬行一星期行程不超过2.5厘米。

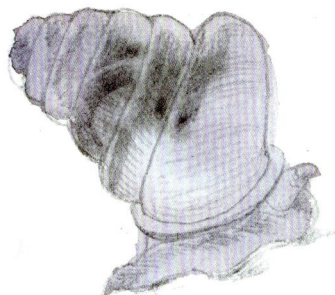

海洋建筑师——缀壳螺

- **中文学名**：缀壳螺
- **门**：软体动物
- **纲**：腹足纲
- **科**：缀壳螺科
- **分布**：分布在印度洋、太平洋和南非海域。

　　缀壳螺体呈陀螺状，螺塔高度较为扁平，外形精致，壳薄呈白色或黄白色。螺体本身并无特殊之处，但它有着非常独特的习性，会选择一些贝壳、砂石、杂物，用分泌液粘在自己的壳体上。而且它不是杂乱地将其胡堆在自己身上，而是十分严格地从种类、色泽、形状上进行筛选，按照相同物种，取一定的形式和方向呈螺旋形或放射状粘合。让人们疑惑不解的是：缀壳螺选择碎贝壳一律面向上或选择锥螺以尾向外，鬼斧神工地拼合成形态别致的奇特图形。每一个螺壳都是集美术、建筑、工艺为一体，是任何一种动物无法比拟的杰作。

　　它们是为了伪装保护自己？是为了显示自己的乖巧与美丽？还是为了吓唬水中的"天敌"？它们凭什么能做到如此近乎完美？这是贝壳留下的一个难解之谜。

免费长途旅行者——牡蛎

　　"世界很大，我想出去看看"，但我们出行时都要准备好一大堆的出行计划，其中必不可少的就是旅行费用。然而，在贝类家族中就有一种能耐的生物，不用花费一分钱就可以周游世界，有吃有喝，它们就是我们常见的牡蛎。

　　牡蛎的壳在生长的时候会分泌一种奇特的物质，它们会将自己的身体紧紧地固着在轮船、鲸鱼等大型物体上。在海洋中，它们既享受着免费的旅行又可以饱餐水中的微生物，真的是一举两得，"诗和远方"对它们而言唾手可得。

世界珍稀贝壳 50 种

龙宫翁戎螺

可雅那翁戎螺

纽西兰蝾螺

花棘蝾螺

马丁长鼻螺

金斧凤凰螺

牛角凤凰螺

紫罗兰蜘蛛螺

黄金宝螺

红牡丹宝螺

王子宝螺

天王宝螺

云斑宝螺　　　　金星宝螺　　　　富东尼宝螺　　　　岩石芭蕉螺

巴克莱骨螺　　　艳红芭蕉螺　　　大犁骨螺　　　　比优氏骨螺

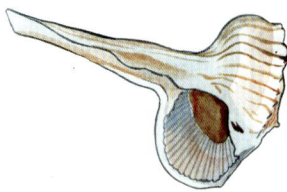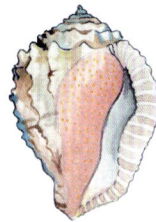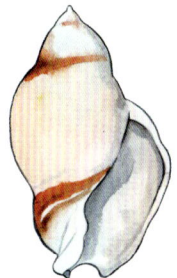

阿拉伯法螺　　　火焰香螺　　　　黛尼粉皱螺　　　维氏侍女螺

丹尼森蛹笔螺　　　　艳红蛹笔螺　　　　百肋杨桃螺　　　　绮狮螺

女神涡螺　　　　嘉年华涡螺　　　　玄琴涡螺　　　　比优氏涡螺

金迷人涡螺　　　　白兰地涡螺

王子涡螺　　　　金口涡螺

布尔涡螺

南非谷米螺

托马斯芋螺

鹿斑芋螺

泰国芋螺

海之荣光芋螺

印度海之光芋螺

雪花芋螺

阿当嵩芋螺

贵妃芋螺

旋梯螺

索华花篮蛤

笋蜩

猩猩海菊蛤

贝精小创客

贝壳引发的灵感

这一册的贝壳专题给你带来了哪些启发呢？你可以根据贝壳的色彩、造型做些创意出来。

教你制作贝壳工艺品

贝壳本身就很漂亮。

可是，如果我们把贝壳加工一下，制作成贝壳工艺品，会让它更有艺术气息，一起来动动手吧。

工具、材料：
贝壳、麻绳、热熔胶

1 准备好贝壳、麻绳、热熔胶。

2 在瓶口涂上热熔胶，然后把海螺放在瓶口。

3 等海螺固定好以后，再涂上一层强力胶，用来黏贴麻绳。

4 把麻绳围绕着瓶口一圈一圈缠绕。

5 用胶水把绳子的尾端黏贴好。

6 漂亮的贝壳工艺品就制作完成了，你可以用同样的方法制作其他的贝壳。

回顾一下贝壳有哪些不简单之处呢？

① 自然界的颜色都能在贝壳上找到

② 贝壳的花纹千变万化，造型千奇百怪

③ 贝壳在海洋生态循环中有非常重要的作用

④ 贝壳里藏着许多学问

……

利用收集到的贝壳，来发挥你的创意吧！

图书在版编目（ＣＩＰ）数据

小贝壳·大世界. 第一辑 / 青岛贝壳博物馆编著. —青岛：
中国海洋大学出版社, 2019.6
ISBN 978-7-5670-2164-8

Ⅰ. ①小… Ⅱ. ①青… Ⅲ. ①海洋生物－普及读物
Ⅳ. ①Q178.53-49

中国版本图书馆CIP数据核字(2019)第067283号

出版发行　中国海洋大学出版社
社　　址　青岛市香港东路23号　　邮政编码　266071
出 版 人　杨立敏
网　　址　http://pub.ouc.edu.cn
电子信箱　2654799093@qq.com
订购电话　0532-82032573（传真）
项目统筹　郭　利
责任编辑　郭　利　电话 0532-85901092
知识审读　孙玉苗
装帧设计　祝玉华
照　　排　光合时代
印　　制　青岛海蓝印刷有限责任公司
版　　次　2019年6月第1版
印　　次　2019年6月第1次印刷
成品尺寸　200mm×260mm
总 印 张　19.5
总 字 数　300千
总 印 数　1-12000
总 定 价　165.00元（全5册）

发现印装质量问题，请致电 0532-88785354，由印刷厂负责调换。

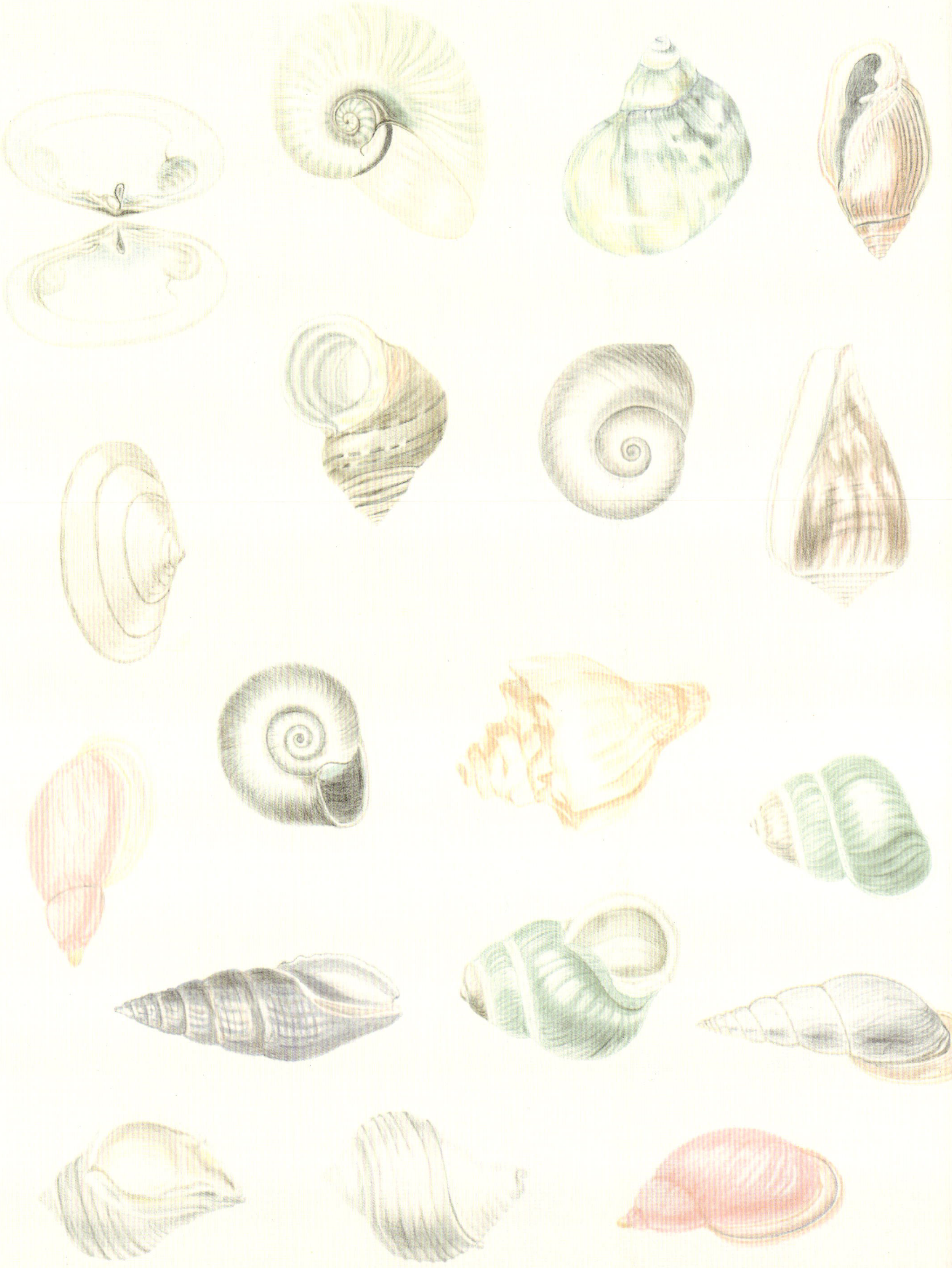

小贝壳　大世界

Little Shell　Huge World

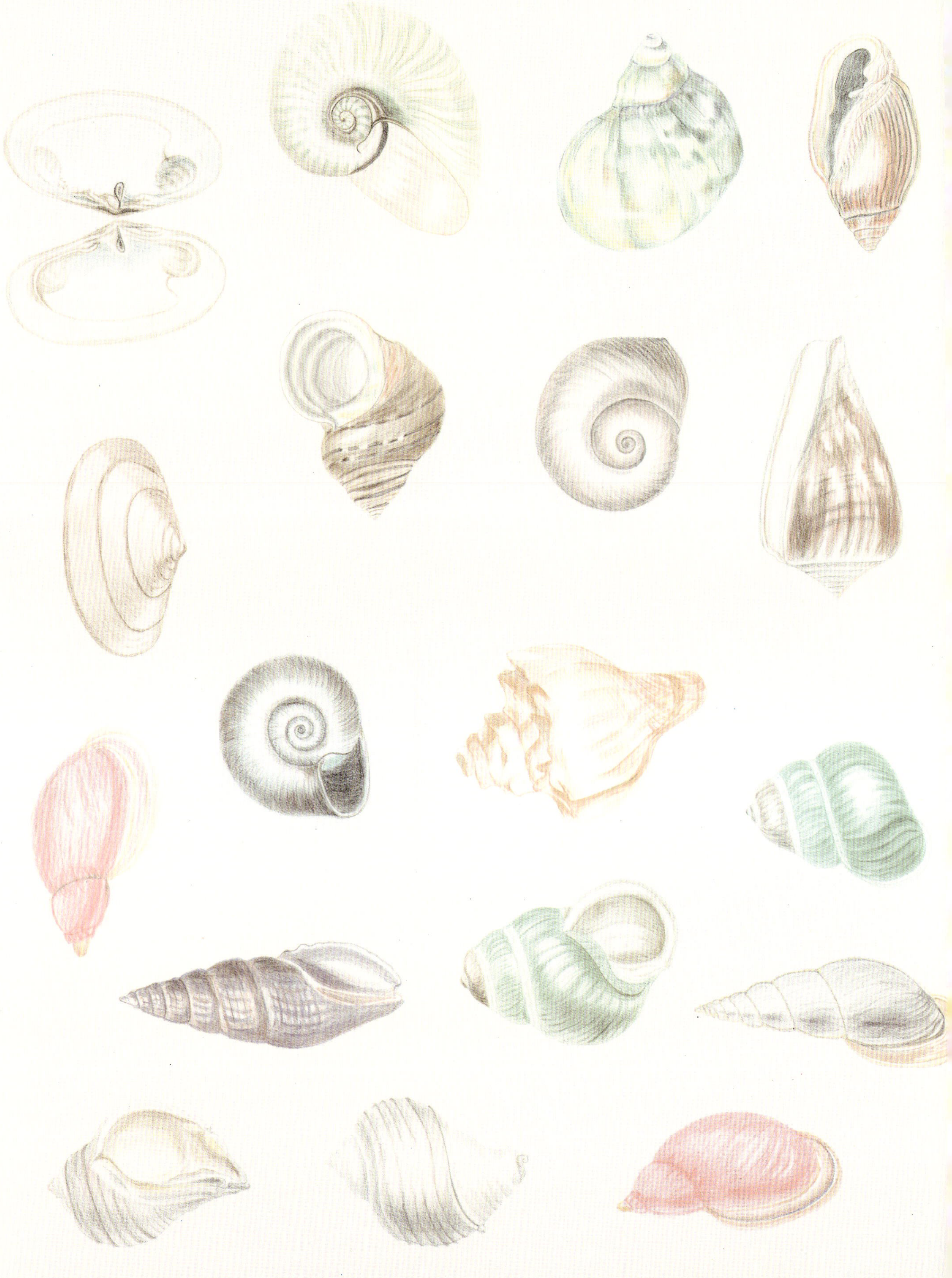

小贝壳 大世界

Little Shell　Huge World

第一辑

②

神奇的螺旋

青岛贝壳博物馆 ／ 编著

中国海洋大学出版社
·青岛·

一贝通世界

海贝不仅是海洋生物的代表，透过小小的贝壳还可以与天文、地理、物理、生物、化学、医药、建筑、美学、数学、哲学等近 24 个学科专业建立起桥梁关系。因此可以说，给你一枚贝壳，你就可以撬动一个世界。

"小贝壳 大世界"丛书依托青岛贝壳博物馆平台研究成果，带你一起探秘贝壳。旨在让更多青少年通过贝壳这个窗口了解海洋生物、认识自然；有助于培养青少年科学兴趣，建立科学思考的习惯，启发探索精神。

编创特色

- ✓ 坚持"人与自然和谐共存"的理念，主张科学知识与人文情怀并举。
- ✓ 素材生活化、趣味化，兼顾科学理论的同时，注重引导和培养孩子的兴趣。
- ✓ 每本书系统介绍一个主题，给出线索重在启发，锻炼孩子的整体观和创造力。
- ✓ 科学传真，图文并解，每本书有上百幅精细化插图及实景拍摄图片，以求提高孩子的审美鉴赏力。
- ✓ 本书涉猎贝壳来自全球 60 多个国家和地区，研究成果也是基于 STEAM 教育理念，打破常规学科界限设置，视野开阔，意在培养孩子们融会贯通的大能力。

目录
Contents

🐚 小小观察家

🐚 贝博堂

本册主题

贝壳的"螺旋魔法"

　　世界上伟大的艺术家有成千上万，但它们之中最伟大的，非大自然莫属。神奇的大自然为小小的贝壳赋予了不可思议的艺术魔法。如果你不相信，那么就看完这本书吧。

　　小小的贝壳拥有非凡的螺旋结构，贝类的螺旋轮廓线显示生命过程的积淀方式，它已经成为许多科学家和艺术家研究的课题。生命现象中螺旋与生命的起源、结构与功能、进化等有着极其密切的联系，包含着内在的合理性和外在的美丽，是自然的鬼斧神工，也是人类不断探寻的奥秘。

　　生命螺旋的大门即将打开，让我们一起解读大自然螺旋的奥秘！

非凡的螺旋结构
是怎样的？

自然界还有哪些鬼斧
神工的螺旋结构？

螺旋与生命的起源
有什么紧密的关系？

欢迎一起来看贝壳的螺旋魔法

绘画本身包罗大千世界的万千形态。只有那些能够用艺术手法表达大千世界千姿百态的天才，才堪称艺术大师。

——达·芬奇《自然数目手稿》

小朋友，看看这些贝壳，真是有趣极了。为什么这么说呢？先观察一下它们在形态上有什么共同的特点？

对了，它们身上都带着"螺旋"。

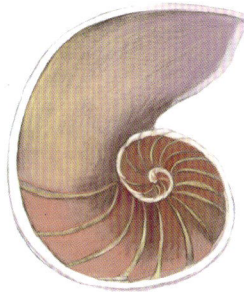

这是平面螺旋，它的螺旋都在同一个平面上。

这是立体螺旋，它的扭转曲线不在一个平面上

螺旋可不只是转圈圈

那么到底什么是螺旋呢？螺旋是一种自然界非常常见的结构。它一般是以一个中心为轴，进行有规律地扭转的曲线结构。如果你把它想象成一个点，绕着另一个点不停转圈，形成的曲线就是螺旋。

螺旋结构看着很简单，但它的学问可大着呢。下面，我们简单地认识一下下面这几种螺旋。

左旋，还是右旋

当我们拿到一枚螺或蜗牛的时候，有的贝壳能观察到相对明显螺旋线，因为它们都有螺塔（螺生长的原点），但是有的螺其螺塔就不是很明显甚至隐藏了起来。

其实要判定螺的左右旋，首先要找到螺的生长原点——螺塔塔尖。在长期的实践和研究中发现，每一种腹足纲的螺都有螺塔，这也是整个螺生长的原点。

◀ 左旋   ◀ 右旋

判断螺的左右旋有 2 种常用的方法——塔尖向下法和塔尖向上法。

（1）螺塔尖向下法（右手螺旋法）

根据贝壳螺线生长的原理，塔尖向下，螺旋上升。以贝壳的螺塔为生长原点，将手指指向螺壳生长的方向，大拇指指向顺着螺口的方向，如果海螺的形态符合右手握姿则可判定为右旋，符合左手握姿，则就可判定为左旋。上面为海螺左右旋的示范，左图是海螺的解剖图例。

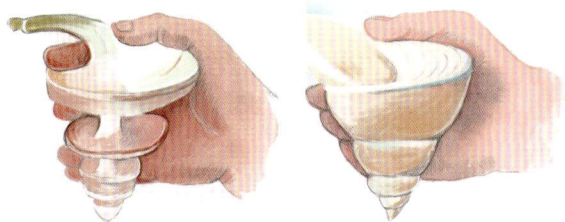

（2）螺塔尖向上法（中轴线螺旋法）

将螺尖向上，螺口（螺开口处）面对观察者，此时壳口在中轴左侧的为左旋螺，反之为右旋螺。

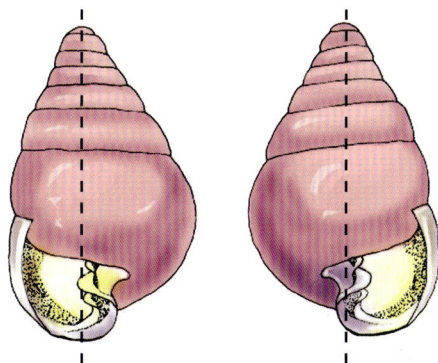

来，透视一下！

随着人类科技的进步，我们不仅能看到贝壳的内部，还能通过仪器对贝壳进行透视，以便于更彻底地观察贝壳。在科学研究中，科学家们也会经常用到透视这种方法。

我们去医院体检的时候，医生会通过 X 光给我们的身体做检查，如果我们给贝壳做 X 光会看到什么呢？

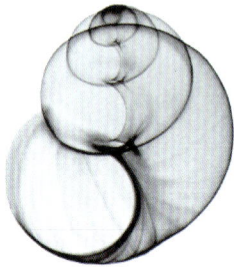

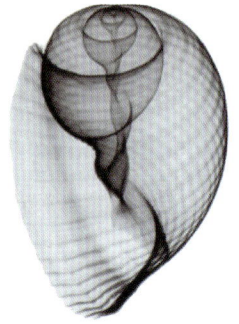

藏在贝壳里的螺旋

看完了贝壳外形上的螺旋结构，让我们看看贝壳的内部。正因为螺旋结构的存在，贝壳的内部更加精彩。它们鬼斧神工，形态各异，更像是一件件精美的艺术品。你能认出贝壳里藏着的螺旋吗？

维纳斯的梳子：骨螺

骨螺科海贝的造型是众多海贝中最有特点的。它们一般有 11 厘米长，6 厘米宽，贝壳上长出了几排又长又尖锐的棘刺用于保护自己，看上去好像一枚梳子。所以，人们把骨螺叫做"海底的梳子"。在古希腊神话中，爱与美的女神维纳斯就是用这种海螺梳头，所以又有人把它们叫做"维纳斯的梳子"。

乍一看，你可能觉得骨螺的螺旋部不够明显。可是试想一下，如果它没有了棘刺，又会是什么样子的呢？

盘旋的楼梯：绮蛳螺（又名梯螺）

梯螺，英文名的意思是"盘旋的楼梯"。看看，这个名字是不是很形象？一圈圈凸出的白色纵肋整齐连续地排列在贝壳壳面上，恰如优美的白色旋转楼梯，让人不得不感叹大自然的神奇。

1663年，一个法国外交官在荷兰的阿姆斯特丹见到了一枚珍贵的梯螺标本。他在瞬间就迷上了这个小东西："这是一枚白色的贝壳，就像一只盘旋扭转的喇叭，而且从头到尾都是镂空的。"直到今天，梯螺的数量依然少得可怜，"粉丝"们为了能够得到一枚梯螺，就算花费重金也在所不惜。

分离的螺塔：刺蚯蚓螺

刺蚯蚓螺是一种很特殊的腹足纲海贝，一般生活在水深 20~200 米的岩礁上的海绵中。它的螺旋状外形并不难看到，但请你比较一下它和之前介绍的其他腹足纲海贝的螺塔有什么区别。没错，它的螺塔之间并不是紧密结合在一起的，这使它看上去很像一条盘卷的管子或蚯蚓，或者像一条长满刺的蛇。

隐藏的螺旋：黑星宝螺

黑星宝螺，它的外观呈卵形，腹部有一个锯齿状的裂缝，它的贝壳为什么不是螺旋塔状的呢？

▲ 黑星宝螺

事实上，如果你从贝壳的两端细心观察，便可以看到其中一端会显出螺旋圈的样子，它就是螺旋部。它们的螺旋塔去哪里了呢？这需要把贝壳打开才能看到它们的秘密。

其实，宝螺家族的螺旋是隐藏在它们的身体内部了，就像我们吃的卷饼一样，一层一层螺旋由内到外越来越大。

喜欢"捉迷藏"的螺塔：梭螺

梭螺一般体型很小，因为样子像织布机的梭子，所以被称为梭螺。它一般像卷起的薄面皮，而后从中间膨胀起来。两端壳极薄。外唇加厚且光滑，壳表有浅而细的螺沟，呈粉红色或淡褐色。通常它们的贝壳会被外套膜包裹得严严实实的，使得它们远观就像一根枝条，因此白天它们能安全地躲藏在珊瑚的枝条上。但如果从开口处观察的话，还是可以看见内部螺旋状的结构。

▲ 独木舟菱角螺（海兔螺科）

▲ 梭螺

◀ 喜欢捉迷藏的螺塔

无处不在的螺旋

1

哇，这么多漂亮的贝壳啊！

小朋友们仔细观察一下，这个博物馆里到处都有精美的螺旋结构哦。

2

牵牛花藤也是螺旋！

这个贝壳上有螺旋！

3

哇，连眼睛都是螺旋的啦！

你是不是都看花眼了？

7

6

楼梯也是个螺旋！

5

哇，生活中原来有这么多螺旋啊！

4

大自然的螺旋密码

植物的生命曲线

春天来了，大自然里的植物都开始拼命生长。它们卖力地发芽、抽枝、长叶、开花。在这个过程，它们自身发生了一些非常神奇的事，大概连植物自己都未必能知道。

让我们先来看看植物的"躯干"——茎。

超级黏人的缠绕茎

顾名思义，缠绕茎一般都长得细细长长，喜欢缠绕在其他物体上，螺旋上升，可以说是非常黏人的小东西。

小朋友，看看下面的植物，它们的茎是缠绕茎吗？它们之间又有什么不同？

▲ 左旋植物的茎·马兜铃　　　　　　　▲ 右旋植物的茎·绶草

植物缠绕茎螺旋缠绕的方式并不都是朝着一个方向，有的向左旋，有的向右旋。

向左旋的缠绕茎一般是顺时针方向生长，比如牵牛、马兜铃和菜豆等植物的茎都是向左旋。

向右旋的茎一般是逆时针方向生长，比如绶草、忍冬（金银花）等植物的茎就是向右旋的。

也有一些植物的茎即可能向左旋，也可能向右旋，何首乌就是这样的例子。这种"任性"的植物茎也被人们叫作"中性缠绕茎"。

▲ 菜豆

▲ 何首乌

▲ 变形的茎

植物的叶

看完了植物的茎，我们来看看植物的叶子。

小朋友，下面的哪张图不是植物的叶子呢？

A

B

C

D

答案是D，D是绿色的绣球花，看起来是不是很像叶子？A是阔叶，B是鳞片状叶，C是叶卷须，它们都是叶子的不同形态。

你答对了吗？

小朋友一定有问题想问，C 也是叶子吗？叶卷须又是什么？

叶卷须

叶卷须是叶的全部或部分变为卷须，借以能够攀绕在其他物体上。你能够在黄瓜、葡萄等植物的缠绕茎上看到这些可爱的小卷须。

活化石——蕨类植物

植物王国里有一种古老的植物——蕨类植物。它们在地球上已经延续了两亿年之久，被人们称为"活化石"。如今，蕨类植物依然在地球上精神百倍地生长、繁衍。

蕨类的叶子在刚长出来的时候，只有一些卷曲的小尖尖，呈现出螺旋的形态。这跟生长在海里的菊石形状很相似。

▲ 蕨类植物的叶子

▲ 菊石化石

▲ 呈现出明显螺旋卷曲的弹簧草叶子

蕨类是比较原始的植物，那么高等植物的叶子也是这样吗？

石莲花明显的"莲花座"，仔细看，它的叶子是螺旋排列的。

如果你认真观察过，高等植物的叶子往往会围成一个"莲花座"。高等植物一般需要充足的阳光、空气和水分，螺旋排列的叶子是为了让最底下的叶子也能健康成长。只有这样，植物才有更多营养用来开花、结果，生长和繁衍。

叶丁香蓼是一年生浮叶草本植物，原产南美洲热带地区。它的叶子漂浮在水面上形成独特的螺旋，因此受到很多人的喜爱。

植物的花

当我们在看植物时，最抢眼的莫过于植物的花了。小朋友一定也喜欢花，但你在看花的时候是否注意，花中有螺旋吗？

我们都知道，花是由花萼、花瓣、雄蕊和雌蕊等部分组成的。很多植物美丽的花瓣都会排列成近似螺旋的形态。

鸡蛋花，又叫缅栀子、蛋黄花、印度素馨、大季花。在中国西双版纳以及东南亚一些国家，鸡蛋花被佛教寺院定为"五树六花"之一。它的花瓣呈现出顺时针的螺旋形态。

马蹄莲，是非洲国家埃塞俄比亚的国花，在中国和欧美国家都很常见。它的花也是一个明显的螺旋。

除了花瓣，花的花萼、花序、花蕊，甚至种子都会出现螺旋的形态。我们常见的向日葵、地金莲、毛茛、山茶花等植物的花卉都有神奇的螺旋。和你的朋友们去找一找。

植物的果实

人们都很喜欢植物的果实，我们在餐桌上经常能看到它们的身影。你注意过它们身上的螺旋吗？

大多数菠萝表面都有比较规则的菱形鳞片，但其实它们是由两组不同方向的螺旋线交叉而成的。

松柏等球果类植物的种球生长非常缓慢，在它们身上也常常可以见到螺旋形的排列。这枚松果上有 8 条向左的螺旋线和 13 条向右的螺旋线。

植物螺旋的奥秘

　　著名生物学家达尔文专门写书来研究植物的螺旋生长。书中提到了 42 种攀缘植物，其中只有 11 种是有左旋现象的，其他大多数藤本植物的茎蔓是右旋的。

　　如我们常见的牵牛花、扁豆、葛根藤等，其生长方向就是向右（逆时针）方向旋转。

　　它们的茎卷须或叶卷须绝大多数都呈现出逆时针方向的右螺旋现象。不少植物所结豆荚成熟爆裂后豆荚皮呈螺旋形，同样有的左旋有的右旋。不过，它与整个植株的旋向并不一定相同。

▲ 扁豆的这种缠绕在枝干上的叶子，是典型的叶卷须

▲ 葛根藤

▲ 牵牛花

这两种植物也都拥有明显的叶卷须。

植物为什么会出现螺旋现象呢？

在遥远的亿万年前，地球上生存着两种攀缘植物，一种在南半球，一种在北半球。和许多生物一样，太阳主宰着植物的生长发育。为了接受更多阳光的照耀，植物的顶端努力地追随着太阳的身影，从东升到西落。慢慢地，生长在南半球的植物的茎开始向右旋转，生长在北半球的植物的茎开始向左转。亿万年过去了，它们最终保持了固定方向旋转缠绕的特性。即使后来，植物的种类越来越多，有些植物还会被移植到地球的不同地方，但它们从祖先身上继承下来的旋转方向却没发生变化。

那些最初生长在赤道附近的植物，旋转的方向就不固定了。赤道地区充足的日照，给了它们更多自由，可以随意旋转。

简单地说，这就是植物螺旋的小秘密。

那么，除了植物之外，在大自然中还有没有其他的生物也会画出神奇的螺旋呢？它们是如何做到的呢？

世界上最稳定的螺旋

螺类基本都存在螺旋现象，大多数向右旋，少数向左旋。那么贝壳的螺旋是怎么形成的呢？

我们都知道，多数贝类由两部分组成，外面是较为坚硬的壳，而里面是柔软的身体和内脏。如何在水中更好地生存是贝类需要解决的头号难题。不知道从哪天开始，贝类的外壳和内脏开始顺应水流，发生扭转。这使得它们的内脏拥有更大空间，而表面积却减小了。表面积越小，水中的阻力也越小。贝类可以更自由地在水中行动，水也可以通过螺旋在其体内循环通畅。贝类这种生长习性也被保留了下来。

只是贝壳的生长太慢了，人类的肉眼很难分辨出来。一旦贝壳形成了螺旋，轻易不会发生改变。所以在大自然中，贝壳的螺旋可以说是相对最稳定的。

动物也螺旋

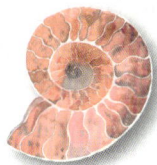

比起植物总是静悄悄地"画圈圈"，动物螺旋却更加精彩，更加动感。

比如，有的动物喜欢安静，有的动物则恨不得呼朋唤友一起来跳一首"圆舞曲"；有的动物身上的螺旋曲线每天都可能变个样子，而有的动物用千百年的时光凝住了生命的痕迹。

科学家发现，在现存鹦鹉螺的小室壁上，都有着一条条清晰可见的环形纹路，而且每一面壁上都固定着这样的30条纹路，人们称之为生长线。而这30条生长线恰巧是现今月亮绕地球一周的天数，也就是一个月有30天。

令人惊叹的是，科学家在研究埋藏于各个不同的地层下面的鹦鹉螺化石时，发现凡是属于同一个地质年代的鹦鹉螺，它们身体内的生长线数目是一样的。而且还有一个规律，地质年代越久远，也就是越早，鹦鹉螺身上的生长线也就越少。如此可以证明，在越是古老的时代，月亮离地球越近，那时月亮绕地球运行的时间也就越短。

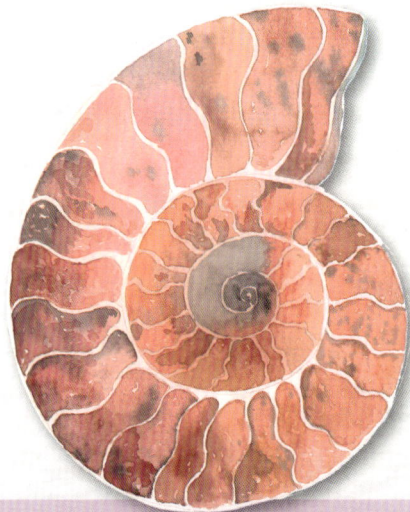

除了贝壳，动物界还有一些生长得非常缓慢，而被人们认为是"静止"的螺旋。

螺旋的肠子

在拉丁美洲的哥斯达黎加共和国，茂密的热带雨林里生活着一种神奇的青蛙。它们的孩子——蝌蚪全身会像玻璃一样透明，肚子里的肠道呈现出螺旋形状，就像夏天驱蚊用的蚊香一样，又名"蚊香蝌蚪"。

螺旋的羊角

在羊的大家族里，经过长时间的进化和演变，无论是羚羊还是山羊头上都戴着一对几乎对称的"武器"——羊角。有一种分布在中国新疆、青海、甘肃、西藏、四川、内蒙古地区的盘羊，它们的头顶长着一对螺旋形的巨大羊角。

螺旋的鲨鱼卵

　　我们这里说的虎鲨不是通常提到的"杀鱼"不眨眼的"海中老虎"，而是虎鲨目的鲨鱼。虽然名气听起来很霸气，但这些鲨鱼性格非常温和，样子也是萌萌的，通常身体只有 1.5 米长。它们一般吃一些蛤、螺等。有趣的是，它们的卵是螺旋形的。这样可以更好地固定在礁石或者一些海草上面，防止海底洋流将其带走，同时也巧妙地躲避开一些捕食者。这些卵在几天或几周后就孵化出幼仔啦！

▲ 螺旋的鲨鱼卵

虎 鲨

　　人们口中的"虎鲨"，在鲨鱼家族食肉动物排行榜中排名第二，排第一的是臭名昭著的"食人鲨"。它们最大能长到 9 米，平时喜欢捕杀各种海洋鱼类、哺乳动物，海龟，甚至海鸟。有时候，它们也会攻击人。

　　"虎鲨"的称号名不符实。它们的本名叫"居氏鼬鲨"，是真鲨目的一种。由于性情残暴，它们被称为"海上老虎"，所以俗称"虎鲨"。

◄ 虎鲨

大象的鼻子为什么
会卷曲成螺旋状 **?**

解读动物螺旋行为的密码

读到这里，隐藏在大自然中的螺旋似乎与万物的生命都有着某种无法切断的神秘联系。相比植物的静态螺旋，动物的生命更加丰富多样，更加动感，而且每时每刻都在发生剧烈的变化。

海洋里鱼群游动时的螺旋阵型、蜘蛛织网的螺旋形状、大象卷成螺旋的鼻子、变色龙螺旋形状的尾巴、草履虫鞭毛运动时的螺旋、蝶类的螺旋状口器、极乐鸟的螺旋状羽毛尾巴、苍鹰捕食猎物的螺旋飞行路线、鳄鱼捕食的螺旋翻滚，以及"飞蛾扑火"的螺旋运动路线，等等。这些动物行为中的螺旋现象是偶然吗？它们在向外界传递什么信息呢？这些相对动态的螺旋现象是怎么出现的呢？我们可以发现无论是植物、贝壳，甚至人类，螺旋现象总是与适应环境相关。这是真的吗？

▲ 眼镜蛇的攻击行为

▲ 乌贼吐墨汁是防御行为

▶ 精子的螺旋运动

科学家在研究中发现，在漫长的进化里，动物形成了固定的螺旋运动行为，并且遗传了下来。适应环境是为了更好地生存。为了生存，动物形成螺旋运动的目的不外乎三种：攻击、防御和繁殖。

接下来，我们将会提到不少动物的螺旋现象，你能区分出它们中哪些属于攻击行为，哪些属于防御行为，哪些又属于繁殖行为呢？

螺旋前进的草履虫

　　草履虫是地球上最古老的动物之一。它甚至看起来根本不像"动物"，它没有腿，靠表膜上的 3500 多根纤毛行动。在放大镜下，你会看到草履虫的纤毛从前到后不停摆动，推动着身体像螺旋一样旋转前进。

伸缩自如的螺旋吸管

　　蛾类和蝶类成虫的嘴里总吐着一根卷曲的长吸管，其实那是虹吸式口器。成虫的口器平时像钟表的发条一样呈螺旋式卷起。成虫吸食花蜜或水滴时，口器会借助血淋巴液的压力伸直，变身为"吸管"。

海洋鱼群的旋涡

在热带海洋里，人们经常可以看到一大群鱼聚集在一起，整齐划一地游动，形成巨大的螺旋"旋涡"。它们希望这样可以吓退它们的天敌。这些鱼群旋涡还能在天敌来觅食时减少自己族群的损失。

▲ 沙威氏极乐鸟

沙威氏极乐鸟的尾巴是螺旋状的

▲ 海马卷曲的尾巴

◀ 防御的西瓜虫（鼠妇）

防御时的西瓜虫，身体蜷缩起来时，出现螺旋状花纹

螺旋的蛛网

蜘蛛可是我们在日常生活中的"老朋友"。废弃的旧房子、雨后的树梢上，经常能看到蜘蛛在不知疲倦地织网。

如果你仔细观察过蜘蛛网，就会发现蜘蛛网是多种多样的，有的像一顶撑开的帐篷，有像一个漏斗，还有的像车轮。这些神奇的网都有一定螺旋形状的规律。

蜘蛛结网主要是为了捕食昆虫，或其他小型脊椎动物。蜘蛛织网是先有向外辐射的蛛线，然后从中心开始逐渐向外结网。螺旋形的织网方式可以让蜘蛛在最短时间内用最少的劳动织成蛛网，这样就可以尽快捕食。

飞蛾是傻瓜吗

人们习惯用"飞蛾投火"这一成语比喻自取灭亡，可事实却并不是那么简单。亿万年来，夜晚活动的飞蛾等昆虫都是靠月光和星光来判断方向。科学家发现，昆虫只要将身体与月光和星光保持固定角度，就能保持直飞方向，而直飞是最省力气的。

到了现代，人类的蜡烛和电灯的光线是由一个点向周围发射的。昆虫在飞行过程中需要不停地变换身体的角度，以保持身体与光的一定角度，就会形成螺旋式的飞行路线。

可见，飞蛾扑火并不是因为"傻"，反而是个聪明的举动。

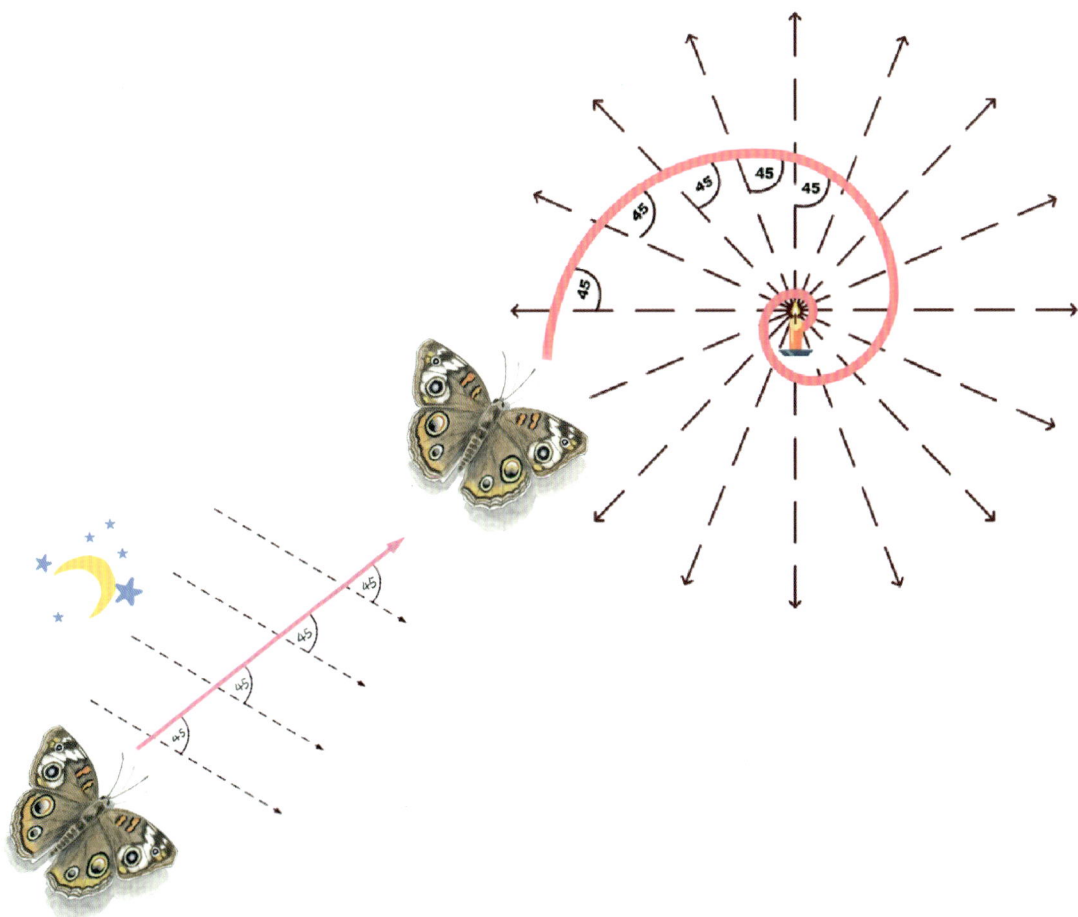

人体的螺旋

人类作为万物之灵，身上也保留着"螺旋"的痕迹。有些很明显，有些不为人知。好吧，让我们从"头"开始。

帮你做个好发型——发旋

你可能会有疑问，人的头顶上好好的，难道也有螺旋？

答案是发旋。如果你仔细观察，会发现不同人的发旋也不同，有的向左旋，有的向右旋；多数人只有一个发旋，少数人可能有两个，甚至三个。

当原始人类还生活在野外的时候，风吹、日晒、雨淋是家常便饭。而沿着发旋方向紧密生长的头发可以保温，保护头皮；下雨时，雨水会顺着发旋的方向迅速下滑。所以，发旋也是一种人类从远古保留下来的特点，同样也是对于生存环境适应的结果。

如果你想做个好发型，千万让你的理发师注意观察你的发旋！

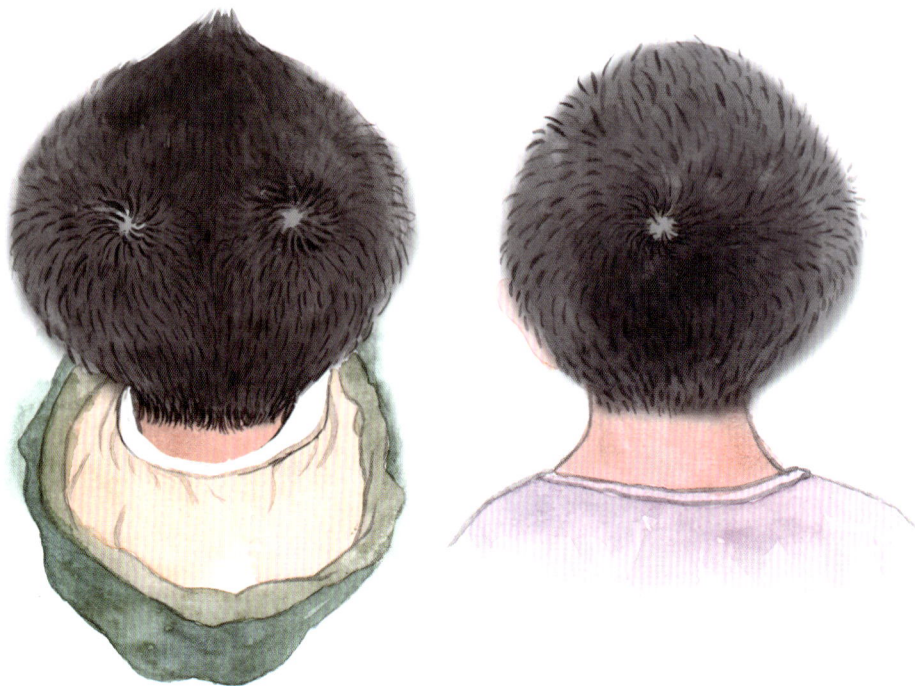

指尖的身份证——指纹

我们经常在电影里看到，警察会用指纹来识别人的身份。

指纹虽然细小，但每个都复杂得像个解不开的迷宫。人的十个手指上的指纹都完全不同。世界上几十亿人，几乎没有哪两个人的指纹是完全相同的，所以指纹可以用来识别身份。

指纹看似复杂，但其实都呈现出各式各样的螺旋形态。有的指纹是螺旋纹线，看上去像水中旋涡的，叫斗形纹；有的纹线是一边开口的，很像一个簸箕，叫箕形纹；有的纹形像弓一样，叫弓线纹。

看看你的指纹，它们都是什么类型的？

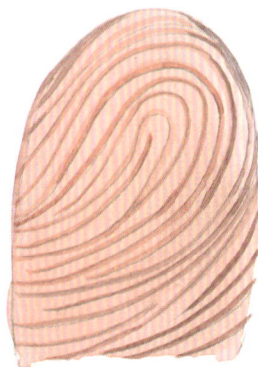

▲ 簸箕

▲ 斗

看不见的听筒——耳蜗

我们见过电话的听筒，耳机的听筒，但你知道吗？这些听筒的工作原理都是模仿我们耳朵里那个我们自己看不见的听筒。而它，恰巧也是螺旋型的。

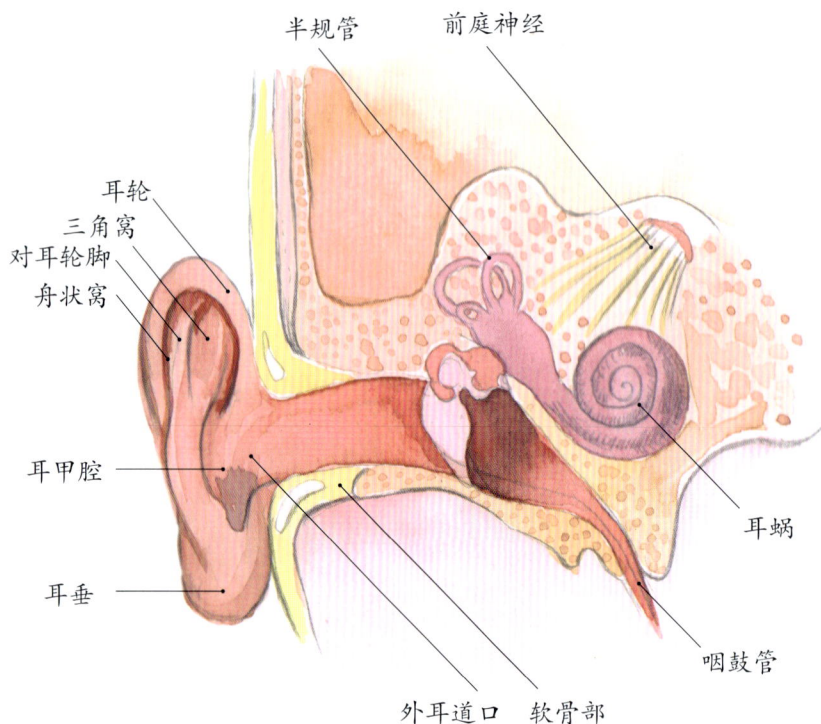

半规管　　前庭神经

耳轮
三角窝
对耳轮脚
舟状窝

耳甲腔

耳垂

耳蜗

咽鼓管

外耳道口　软骨部

▲ 耳朵结构图

人的听筒在生物学上名叫"耳蜗"，因为形状很像蜗牛而得名。想象一下蜗牛，你就知道耳蜗与螺旋的联系。

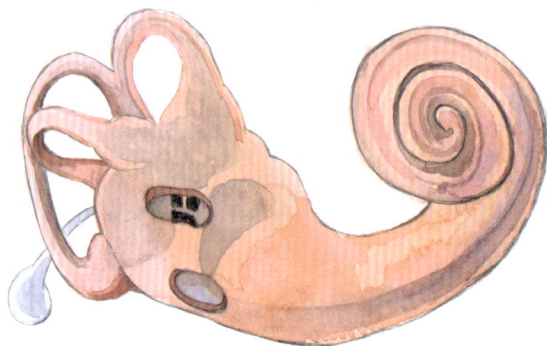

▲ 耳蜗中的螺旋

耳蜗可以说是世界上最精巧的螺旋结构之一，深深隐藏在人的耳道深处。它从底端到顶端，一般螺旋环绕两周半至三周半，展开长度大约为 35 毫米。

它能感受不同的声波，然后转化为人脑接受的信号。就是通过耳蜗这个看不见的"小零件"，人类才能听到并感知世界上千变万化的声音。

鹦鹉螺的天文现象

在浩瀚的海洋里有一种海贝——鹦鹉螺。它的整个螺旋形外壳光滑如圆盘状，形似鹦鹉嘴，故此得名"鹦鹉螺"。如果将鹦鹉螺身上的螺旋与旋涡星系的旋臂做比较会发现，它们出现惊人的重合。比如距离我们3700万光年的著名旋涡星系M51的旋臂就具有这样的弧线。

▲ 鹦鹉螺的剖面

不单是旋涡星系，浴缸放水时水流产生的螺旋、猎鹰捕食时的螺旋线飞行等都是相似的螺旋弧线。同时台风也具有螺旋弧线，而且，卫星照片上的台风与天文照片中的旋涡星系看上去非常相似。

透过精致而玄妙的螺线，我们还是感受到：从咖啡中旋转的牛奶到猎鹰的捕食线路，从鹦鹉螺的纹路到巨大的台风，大自然中若干的相似和趋同，似乎在展现着整个宇宙的神奇魔力。

▲ 旋涡星系 M51

微观世界中的螺旋

前面那么多有趣的螺旋现象，我们都可以用眼睛观察到，但在人类眼睛看不到的范围之外，其实还有一个奇妙而庞大的微观世界。现在，让我们开始幻想自己开始缩小，无限地缩小，缩小成你额头上的一小片皮肤。接着，你再缩小成一个皮肤细胞。然后，你会缩进细胞里，看到这个比汗毛还细小的空间里充满了生命起源的奥秘。

两根细长的链条向右旋转缠绕在一起，像是不可分割的双胞胎。链条上面附着成对的大小圆球，成对的圆球被横向的链条连接，整体看上去像是凭空垂下来的软梯，被大风吹得剧烈翻卷。

这个东西就是我们常说的 DNA 双螺旋。

人体的信息库

你为什么是双眼皮？头发是黑长直还是自来卷？这些地方是像妈妈，还是像爸爸？一个孩子总是会从父亲和母亲身上各继承一部分基因，至于这些基因是如何排列组合呢？通过 DNA 就可以分析出来。

1953 年，美国科学家沃森和英国科学家克里克一同提出，让人们一直好奇的 DNA 是两条方向不同的右旋螺旋。

▲ 美国科学家沃森

▲ 英国科学家克里克

这两条螺旋链上携带了大量的人类遗传信息。人类的很多信息早在 DNA 上被安排好了。

近些年来，科学家还研究发现了左手螺旋 DNA 和三螺旋 DNA。

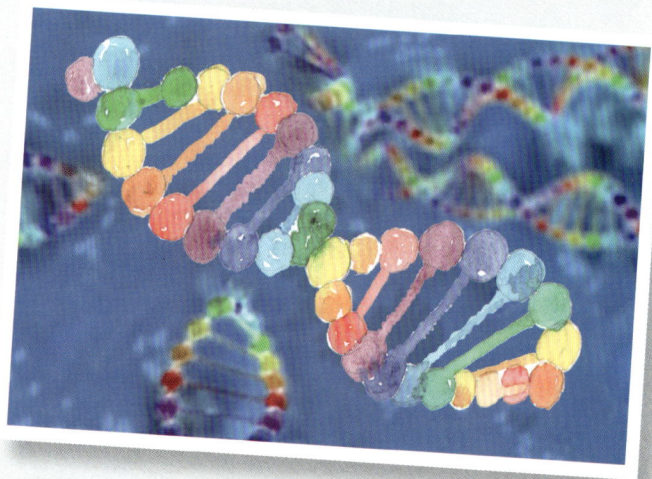

▲ 左手螺旋 DNA

钟表发条螺旋藻

螺旋藻是一种低等生物，出现在地球上约 33 亿~35 亿年前，是最古老的物种之一。藻体呈现出或疏松、或紧密的有规则的螺旋形弯曲。因为样子很像钟表发条，所以被人们叫为"螺旋藻"。

螺旋藻并不是静止不动的。它们会快速颤动，还会旋转运动，经常像围绕着一根轴，不知疲惫地旋转，向前爬行。螺旋藻生活得比较"随和"，在淡水和海水中都可以生长。

不仅如此，螺旋藻可以食用，因为它营养丰富，蛋白质含量高达 60%~70%。具有减轻放、化疗的副作用，提高免疫功能，降低血脂等效果，所以人类在大批养殖螺旋藻。

看来，不起眼的螺旋藻，还有这么大的用处呢。

植物丝是直还是弯

植物生长、运输水和养料的组织，我们称之为导管。如同血管一样，导管在植物体的叶、茎、花、果等器官中内四通八达、畅通无阻。植物的导管内壁在一定的部位会特别增厚成各种纹理。一般的纹理是直线形的，而藕的导管壁增厚部却连续成螺旋状的。在折断藕时，导管内壁增厚的螺旋部脱离，成为螺旋状的细丝，直径仅为 3～5 微米。这些细丝很像被拉长后的弹簧，在弹性限度内不会被拉断，一般可拉长至 10 厘米左右。这就可以解释藕断丝连现象的原因了。

除了莲藕之外，植物界里还有一种叫做杜仲的植物，在它们的植物体内、叶子、树皮等部位也都有大量的螺旋丝。

超强攻击性的螺旋刺细胞

刺细胞是腔肠动物特有的一种攻防武器，尤其在触手上特别多。刺细胞里有充满液体的刺丝囊和螺旋状盘曲的刺丝。当刺细胞受到刺激时，刺丝翻射出来，击中目标，并释放毒素，使猎物或入侵者麻醉或毒死。水母、珊瑚、水螅等都有螺旋状态的刺细胞，以进行攻击和防御。

刺针

刺丝

穿刺刺
丝囊

向外翻出
的穿刺刺
丝囊

细胞核

▲ 水螅的刺细胞

氧气的制造者——螺旋的叶绿体

叶绿体是植物细胞内最重要、最普遍的质体，它是进行光合作用的细胞器。叶绿体利用其叶绿素将光能转变为化学能，把二氧化碳与水转变为糖。叶绿体是世界上成本最低、创造物质财富最多的生物工厂。典型的叶绿体形状为椭球形，但是水绵的叶绿体呈螺旋带状。1880年，德国学者恩吉尔曼用水绵和嗜氧细菌进行实验，就是利用水绵独特的叶绿体，证明了植物光合作用释放氧气的结构是叶绿体。

细胞壁

叶绿体

细胞核

▲ 水绵结构

"大海里的小巨人"——有孔虫

有孔虫是一类古老的原生动物，在5亿多年前就生活在海洋中，种类繁多，一直延续到今天。有孔虫能够分泌钙质或硅质，形成外壳，而且壳上有一个大孔或多个细孔，以便伸出伪足，因此得名有孔虫。有孔虫的主要食物是硅藻、菌类和甲壳类幼虫等，个别有孔虫还会吃砂粒。

有孔虫种类繁多、数量丰富，分布广泛，可生活于各种各样的海洋环境，其壳体可反映出非常有用的环境信息，作为环境指示生物可用于许多研究领域，被誉为"大海里的小巨人"。

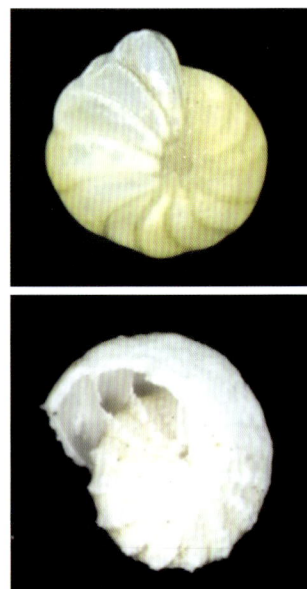

▲ 有些有孔虫有螺旋状的硬壳

▲ 广东中山第四纪有孔虫（放大模型）

▲ 培养皿中正在生长的细菌

细菌艺术家

在你看不见的世界里，螺旋依然存在。让我们又恨又爱的细菌就有不少种类是螺旋形态。不同细菌的螺旋数目和大小都不同。

▲ 螺旋形态的细菌

▲ 螺旋形态的细菌

浩瀚宇宙大发现

不可思议的巧合

2004 年 10 月，中国和瑞典的几名古生物学家在贵州江口县的一座小山坡上挖出了一批远古生物化石。这批化石居然已经有 5.8 亿岁了。化石上的生物非常完整，有 8 条螺旋状向外辐射的"触手"清晰可见。

在研究的过程中，科学家们发现这个全新发现的生物有些眼熟。

在遥远的宇宙中，仙女座大星云同样有着 8 条"触手"，螺旋状向外放射，与发现的新生物简直一模一样。

仙女座大星云突然激发了科学家的灵感。于是，科学家们为这种新生物取了一个美丽的名字——八臂仙母虫。

而令人惊奇的是，仙女座大星云的直径达到了人类难以想象的 14 万光年，而八臂仙母虫却只比一元钱硬币大了一点。

▲ 仙女座大星云

▲ 八臂仙母虫

从八臂仙母虫到仙女座大星云，这些大自然中若干的相似和趋同，似乎在展现着整个宇宙的神奇魔力。

宇宙中的万花筒

在我们肉眼看不见的宇宙中，到目前为止，人们已经观测到了约1000亿个星系。目前，我们所知最远的星系离我们有将近150亿光年。通过先进的科学探测，我们可以分辨出仙女座大星云的螺旋结构，那么它的存在是一个偶然吗？

螺旋星系银河系

银河系就是一个标准的螺旋星系。有趣的是，科学家认为银河系的螺旋结构有两个大旋臂和两个小旋臂。小旋臂处在大旋臂之间，好似暗淡的尾迹，大旋臂则从中央的星系棒末端向外延伸。

壮美星辰 M74

在距离地球3500万光年的宇宙，组成双鱼座的星体中有一个巨大的螺旋星系。它外层是一团很暗的环状云雾，像被某种神秘的力量吸进中心明亮的核里。宝石一样的星辰点缀在它周围，陪伴着 M74 生生不息地运行。

"看上去很美" NGC3370

相比 M74，星系 NGC 3370 看起来鲜艳了不少。它位于狮子座里，距离地球大约 9800 万光年。你能看到它有一个不太容易辨认的核，周围是五彩斑斓的螺旋带。虽然看上去很美，但实际上 NGC3370 是一个充满尘埃的螺旋星系。而那漂亮的螺旋带其实是由数不清的星际尘埃组成的。

"宇宙中的魔眼" M64

大概 10 亿年前，距离地球 1700 万光年的宇宙中，两个星系发生了撞击，在巨大的爆炸后留下了一只"邪恶之眼"——M64。M64 的中央有一个极其明亮的核心，一条壮观的黑暗尘埃云带横在核心前方，看起来仿佛是宇宙中恶魔的眼睛。而我们也能看出，黑暗的尘埃在核心强大的引力下也显现出螺旋的形态。

生活中的螺旋现象

　　我们见识了植物，历数了动物。我们又把眼光拉近，再拉近，聚焦于那些比沙砾还微小的细菌，随后，我们又将眼光放远，像是跳上宇宙飞船，尽情在浩瀚无边的太空星际之间穿梭。

　　在完成了这样的时空穿越之后，现在，让我们平静下还在怦怦跳动的心，看看我们身边的日常生活。

神奇音乐家

　　在远古时代，人们就已经发现，如果对着海螺顶端的孔吹气，海螺会发出"呜呜"的声音。他们以为那是大海的回应。古代人把海螺当成一种神圣的法器。在某些少数民族的传统乐队中，海螺还是一种乐器。

　　海螺发出的声音当然不是大海对人类的回应，而是气流在海螺内部振动所发出的声音。形状越规则的海螺，吹出来的声音会越大，越动听。

　　我们可以观察发现，现代吹奏乐器很少出现方形，或者三角形，就是这个原理。

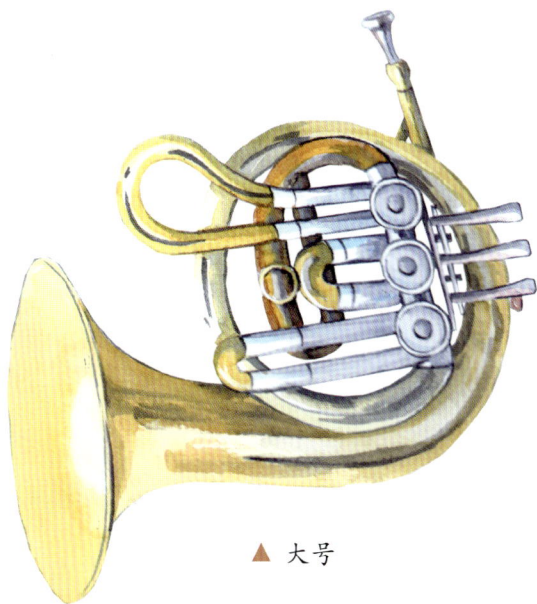

▲ 大号

名画中的螺旋元素

　　螺旋阶梯，是伯恩－琼斯于1886
年创作的一幅油画，现收藏在伦敦泰
德画廊。《螺旋阶梯》又称《音乐阶梯》，
是琼斯晚期的代表作之一，画的是由
螺旋阶梯上缓缓走下来的少女。她们
每人手里拿着一件乐器，有的交谈，
有的前后顾盼，有的静静走下阶梯，
这群少女品貌端正，婀娜多姿如天仙
下凡一般。在这18个少女中，画家
将自己的女儿和莫斯的女儿也画在其
中，这幅画在形式感上有画家自己的
独特追求，他巧妙地利用螺旋阶梯的
曲线与少女的衣纹直线组成既有韵律
感又统一的画面，在色彩上画家以类
比色的微妙区别求得画面变化，达到
统一的画面效果。

空间节约的高手

我们经常能在建筑中看到螺旋状的楼梯。为什么这种楼梯特别受到建筑师的欢迎呢？这个灵感或许来自海贝。

在海贝成长过程中，空间十分重要。海贝形成螺旋结构所需的材料相对最小，但却可以在最小的空间里容纳自己的身体。耗费最少的能量，而争取最大的生长空间，这是螺旋海贝的生存智慧。

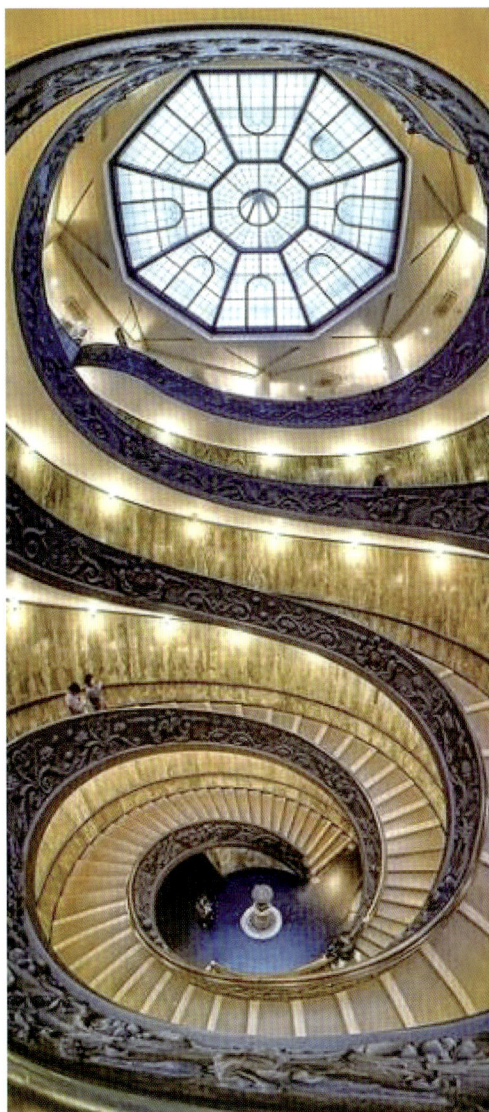

这也是我们在生活中能够在很多狭小的空间里见到螺旋楼梯的原因。而优雅精致的螺旋曲线也为建筑增加了不少魅力。

贝壳屋游世界

青岛东方影都

中国美丽的海滨城市青岛，有一个巨大的"海螺"——青岛东方影都。它以鹦鹉螺为设计原型，高23米，占地面积15000平方米，是目前世界上最大的螺型建筑，也是青岛的新地标之一。

于家堡高铁站

2015年9月，于家堡高铁站在中国天津正式通车。这是世界上最大、最深的全地下高铁站，而能够完成这样大型的建筑也多亏了螺旋结构。这样复杂而优美的网格形式在国内大型钢结构建筑中是第一次出现。

墨西哥鹦鹉螺贝壳屋

墨西哥著名建筑师贾维尔设计了一座巨型鹦鹉螺贝壳屋。贝壳屋里分为被植物簇拥的沙发休息区、彩色玻璃的餐厅和独特的电视室、工作室。卧室等生活空间也被设计得有趣而别致。

螺旋运动形态是万物运动形式之源

　　通过一枚小小的贝壳，我们看到了动物、植物，看到了微生物，也看到了宇宙。我们发现在人类所能认识到的世界还有更多更广泛的未知领域。小小的贝壳就像我们认知世界的螺旋起点一样，这只是一个起点，或许这只是开启我们思考世界的一种螺旋思维，更或许在未知的领域世界里这只是一个原点或原动力。

　　从地球上物种的起源与进化来看，生命的发展和演变也是在运动中发展，呈现螺旋之美。在生活中，我们能看到或看不到的所有的万物都在运动；而所有的运动形式都离不开螺旋形态的参与，甚至螺旋运动形态是万物运动形式之源。

▲ 螺旋是万物运动形式之源

图书在版编目（CIP）数据

　　小贝壳　大世界.第一辑 / 青岛贝壳博物馆编著. －青岛：
中国海洋大学出版社, 2019.6
　　ISBN 978-7-5670-2164-8

　　Ⅰ.①小… Ⅱ.①青… Ⅲ.①海洋生物－普及读物
Ⅳ.①Q178.53-49

　　中国版本图书馆CIP数据核字（2019）第067283号

出版发行　　中国海洋大学出版社
社　　　址　　青岛市香港东路23号　　　邮政编码　266071
出 版 人　　杨立敏
网　　　址　　http://pub.ouc.edu.cn
电子信箱　　2654799093@qq.com
订购电话　　0532-82032573（传真）
项目统筹　　郭　利
责任编辑　　于潇潇　郭　利　　　电　　话　0532-85901092
知识审读　　董　超
装帧设计　　祝玉华
照　　　排　　青岛艺非凡文化传播有限公司
印　　　制　　青岛海蓝印刷有限责任公司
版　　　次　　2019年6月第1版
印　　　次　　2019年6月第1次印刷
成品尺寸　　200mm×260mm
总 印 张　　19.5
总 字 数　　300千
总 印 数　　1-12000
总 定 价　　165.00元（全5册）

发现印装质量问题，请致电0532-88785354，由印刷厂负责调换。

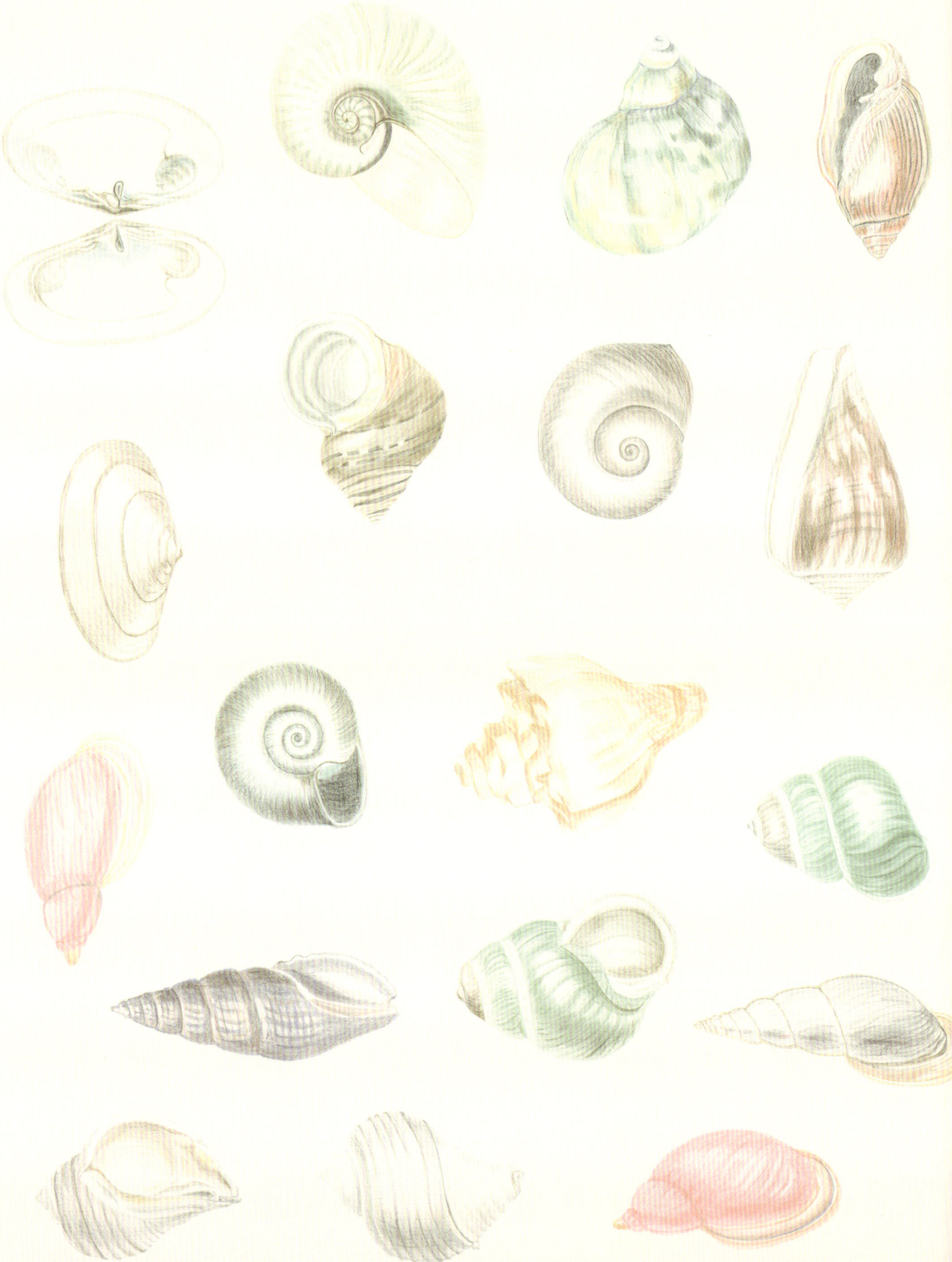

小贝壳　大世界

Little Shell Huge World

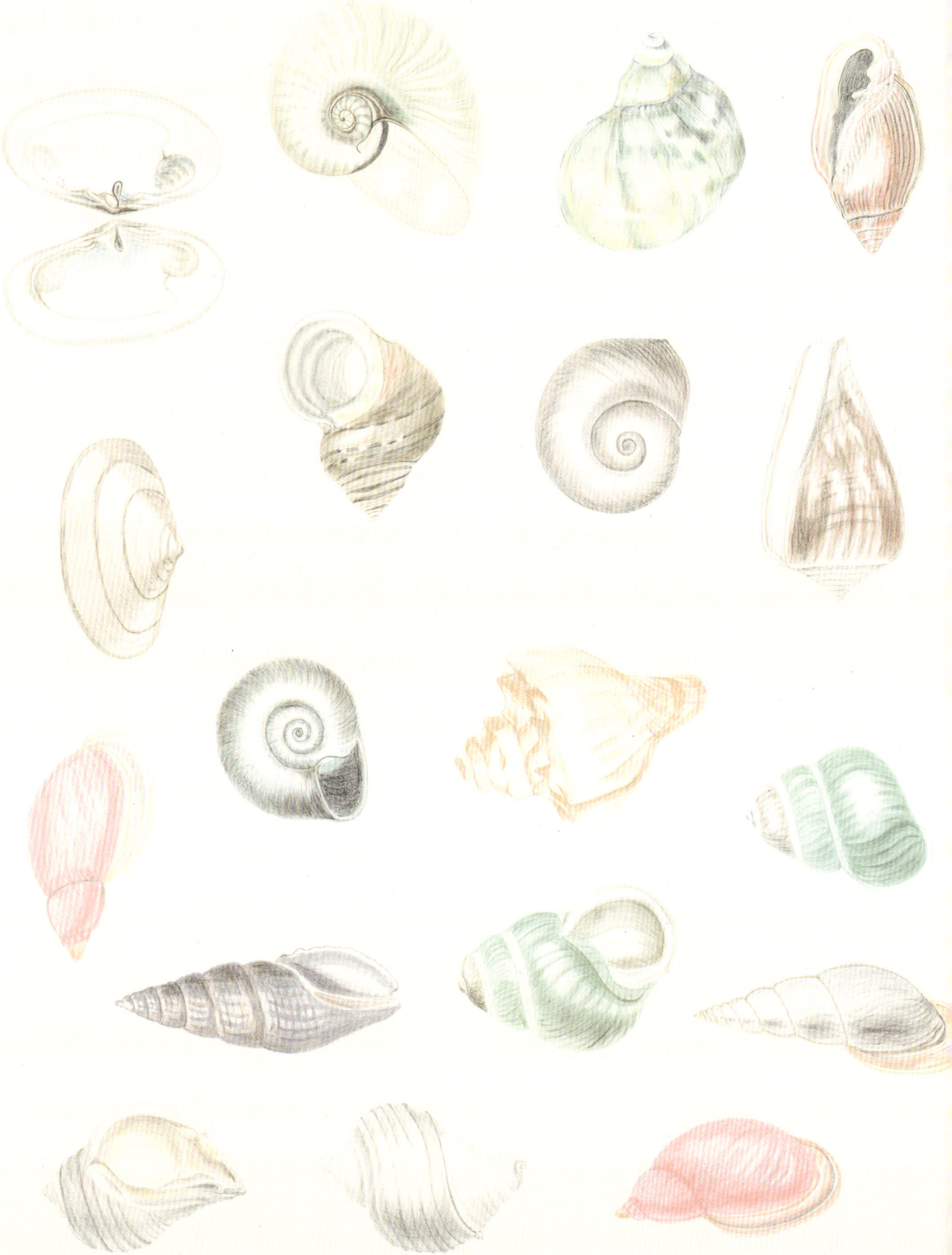

小贝壳 大世界

Little Shell Huge World

第一辑

③

贝壳里的科学奥秘

青岛贝壳博物馆 / 编著

中国海洋大学出版社

·青岛·

一贝通世界

　　海贝不仅是海洋生物的代表，透过小小的贝壳还可以与天文、地理、物理、生物、化学、医药、建筑、美学、数学、哲学等近 24 个学科专业建立起桥梁关系。因此可以说，给你一枚贝壳，你就可以撬动一个世界。

　　"小贝壳 大世界"丛书依托青岛贝壳博物馆平台研究成果，带你一起探秘贝壳。旨在让更多青少年通过贝壳这个窗口了解海洋生物、认识自然；有助于培养青少年科学兴趣，建立科学思考的习惯，启发探索精神。

编创特色

✓ 坚持"人与自然和谐共存"的理念，主张科学知识与人文情怀并举。

✓ 素材生活化、趣味化，兼顾科学理论的同时，注重引导和培养孩子的兴趣。

✓ 每本书系统介绍一个主题，给出线索重在启发，锻炼孩子的整体观和创造力。

✓ 科学传真，图文并解，每本书有上百幅精细化插图及实景拍摄图片，以求提高孩子的审美鉴赏力。

✓ 本书涉猎贝壳来自全球 60 多个国家和地区，研究成果也是基于 STEAM 教育理念，打破常规学科界限设置，视野开阔，意在培养孩子们融会贯通的大能力。

目录
Contents

本册主题

贝壳 + 科学 = 奥妙无穷！

贝壳？科学？看上去两者并不搭界，可如果贝壳会说话，一定会告诉你：其中的故事酷炫极了。你可能没听说过阿基米德螺线，想穿越去欧洲认识一下笛卡尔心形螺线的女主人公，还想和法螺来一次"滴滴滴吹"的亲密接触，或者缩小身体去贝壳的"矿物桥"上看看……好了，带上你的好奇心出发吧，数学小姐、物理先生、化学女士都在奥妙的贝壳世界等你。

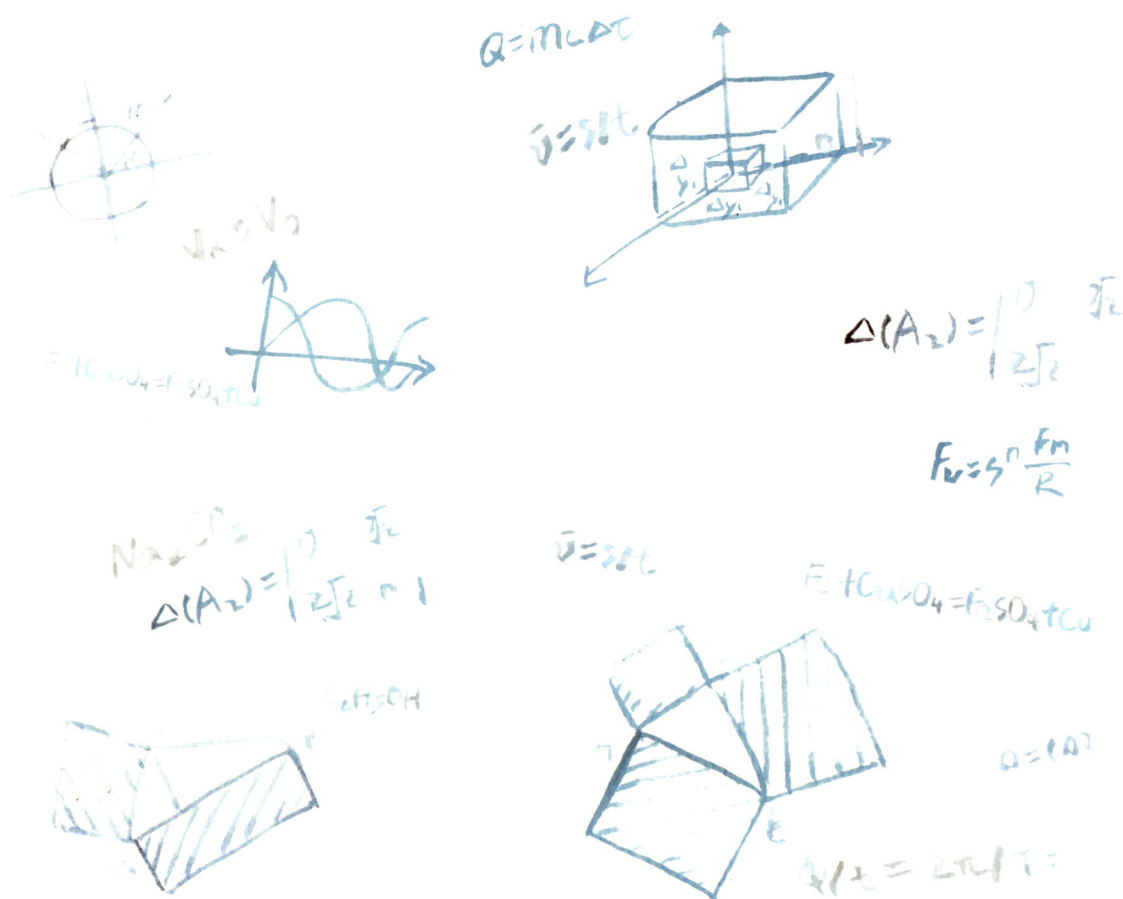

阿基米德提水机是什么样的?

贝壳里真有海浪的声音吗?

黄金螺线有多美?

新材料和贝壳有什么关系?

贝博堂

欢迎来到数学世界，贝壳请出列！

　　背着贝壳的软体动物，和人类建造住房一样，需要搭建属于自己的房子，盖上屋顶，完善整个建筑；由于软体紧贴着贝壳，因此，随着身体的生长，其"住房"也逐渐按照比例扩大。

——达芬奇《法兰西学院手稿》

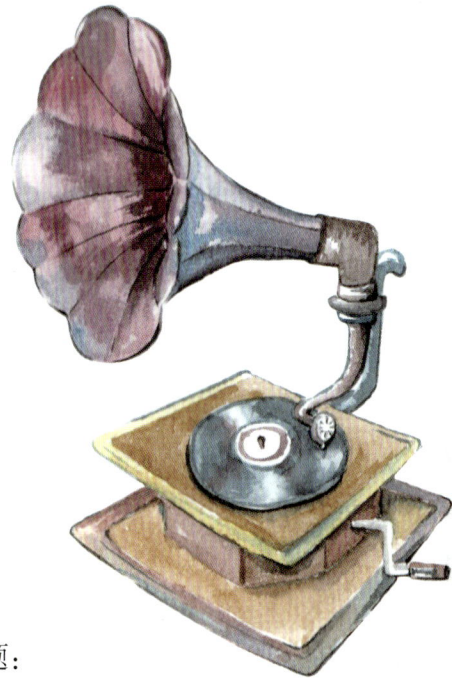

▲ 齿轮

▲ 唱片

▲ 留声机

来来来，竖起耳朵，屏住呼吸！这是一道抢答题：

鹦鹉螺、留声机、缝纫机、唱片、齿轮……有什么共同点？

没错，它们都暗藏"螺旋线"。

为什么会这样？螺旋线是什么？这是值得把问号拉成感叹号的问题，就从贝壳里的螺旋线开始探索吧。

▲ 鹦鹉螺

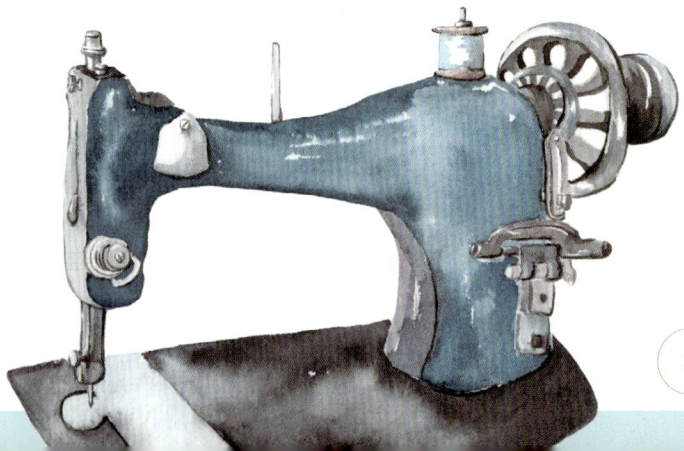

▶ 缝纫机

"数学家"爱螺旋线

　　贝壳在地球上已经出现了 5 亿年，蕴藏着许多令人惊叹的奥秘。一枚小小的贝壳，可能蕴藏着深刻的数学原理。

　　在这些贝壳中，我们看到了不同的螺旋线，如等角螺线、等速螺线、圆锥螺线等。

▲ 鹦鹉螺

▲ 光荣巴蜗牛

▲ 扁玉螺

▲ 马丁螺

▲ 旋梯螺

▲ 绮蛳螺

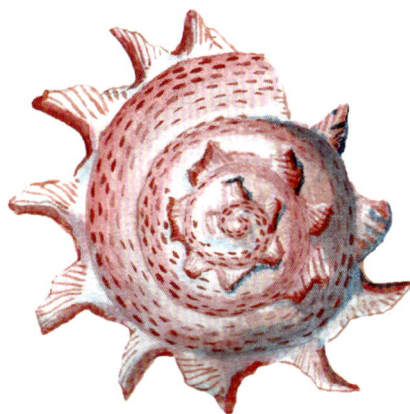

▲ 香螺（俯视图）

▲ 向日葵星螺

原来是这样！

什么是螺旋线？

　　螺旋线，是指绕某个点旋转所产生的线，其中的参数不同所产生的螺旋线的形状也各不相同。通常，我们所说的螺旋线是二维螺旋线，如等角螺线、等速螺线等。另外，在立体的三维空间里产生了另外的螺旋形态，即三维螺旋线，如圆柱螺旋线、圆锥螺旋线。

　　走，去认识一下数学家的"宠儿"——螺旋线。

阿基米德螺线出没，请注意！

生活中可以随手"捉"住阿基米德螺线。

在早期的留声机中，电机带动转盘上的唱片匀速转动，沿着一条直线轨道匀速向外圈移动的唱头，在唱片上留下的刻槽就是阿基米德螺线。

由匀速盘香机生产出来的盘状蚊香是阿基米德螺线的形状。

等螺距的螺钉从钉头方向看去是阿基米德螺线。

缝纫机中也有阿基米德螺线出没，一般的机械缝纫机中有一个凸轮，手轮旋转的时候用来带动缝纫针头直线运动，这个凸轮的轮廓就是将阿基米德螺线的一部分进行对称得到的。

你还能再"捉"几条阿基米德螺线吗？

咦？怎么蹦出个阿基米德螺线？用数学世界的语言来说，阿基米德螺线＝等速螺线。

那什么是阿基米德螺线呢？脑洞时间到！

想象有一根可以绕着一点转动的长杆，有一只小虫沿着杆匀速向外爬去。当长杆匀速转动的时候，小虫画出的轨迹就是阿基米德螺线。

观察一下贝壳上的螺旋线，你就更明白了。

▲ 菊石化石

▲ 车轮螺

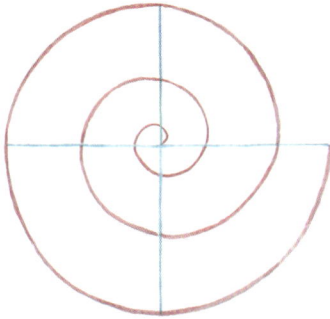

▲ 等速螺线

▲ 翁戎螺

上面这些贝壳的螺旋线都与数学中的等速螺线（即阿基米德螺线）十分相近。事实上，当固定的角度为 90 度时，就是等速螺线了。

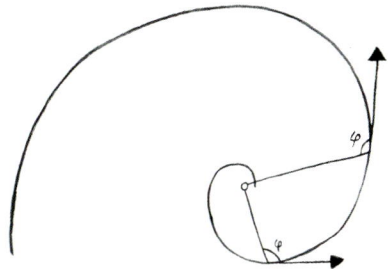

▲ φ 是定角

阿基米德与螺旋线

主人公闪亮登场:
阿基米德!

对,我就是说了"给我一个支点,我就能撬起整个地球"这句名言的阿基米德先生。

公元前287年,我出生于希腊叙拉古附近的一个小村庄。11岁时,我被父亲送到埃及的亚历山大城学习。我曾见过许多著名的数学家,包括我的老师(柯农)的老师欧几里德。

在当时,亚历山大城可是像今天的北京、纽约一样的世界中心城市。

科学的进步都是一代一代科学人站在巨人肩膀上探索的结果。

阿基米德螺线最初是由我的老师柯农发现。柯农去世后,我继续研究,又发现了许多重要的性质。因此,这种螺线就以我的名字命名了。

我爱数学，也爱物理，除了阿基米德螺线，我还发现了阿基米德原理、静力和流体静力学的基本原理、求几何图形重心的许多方法，机械发明也不在话下。

为解决用尼罗河水灌溉土地的难题，我发明了圆筒状的螺旋扬水器。

人们常常把我与牛顿、高斯并列为有史以来三个贡献最大的数学家。能对科学进步有一点点贡献，我就此生无憾了。

等角螺线的奥义

阿基米德螺线在生活中随处可见，等角螺线更是如此。

▲ 有的花的种子排列
类似于等角螺线

▲ 蜘蛛网

▲ 鹦鹉螺

鹦鹉螺的贝壳内部构造像等角螺线；

有的花的种子排列类似于等角螺线；

鹰以近似等角螺线的方式接近它们的猎物；

昆虫以近似等角螺线的方式接近光源；

蜘蛛网的构造与等角螺线相似；

涡旋状星云的旋臂形状与等角螺线十分相似，银河系
的四大旋臂就是倾斜度为 12° 的等角螺线。

低气压（热带气旋、温带气旋等）的外观像等角螺线。

从特殊到一般，归纳逻辑的奥义。归纳出的等角螺线，
到底是什么？被谁发现，又藏着什么秘密呢？

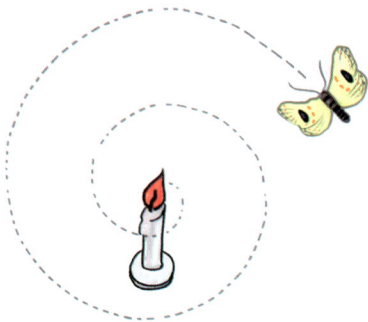

▲ 昆虫以近似等角螺
线的方式接近光源

▲ 气旋

▲ 涡旋状星云

去贝壳上找找答案吧。

把一枚鹦鹉螺的外壳剥切，你会看到一条近似的等角螺线。

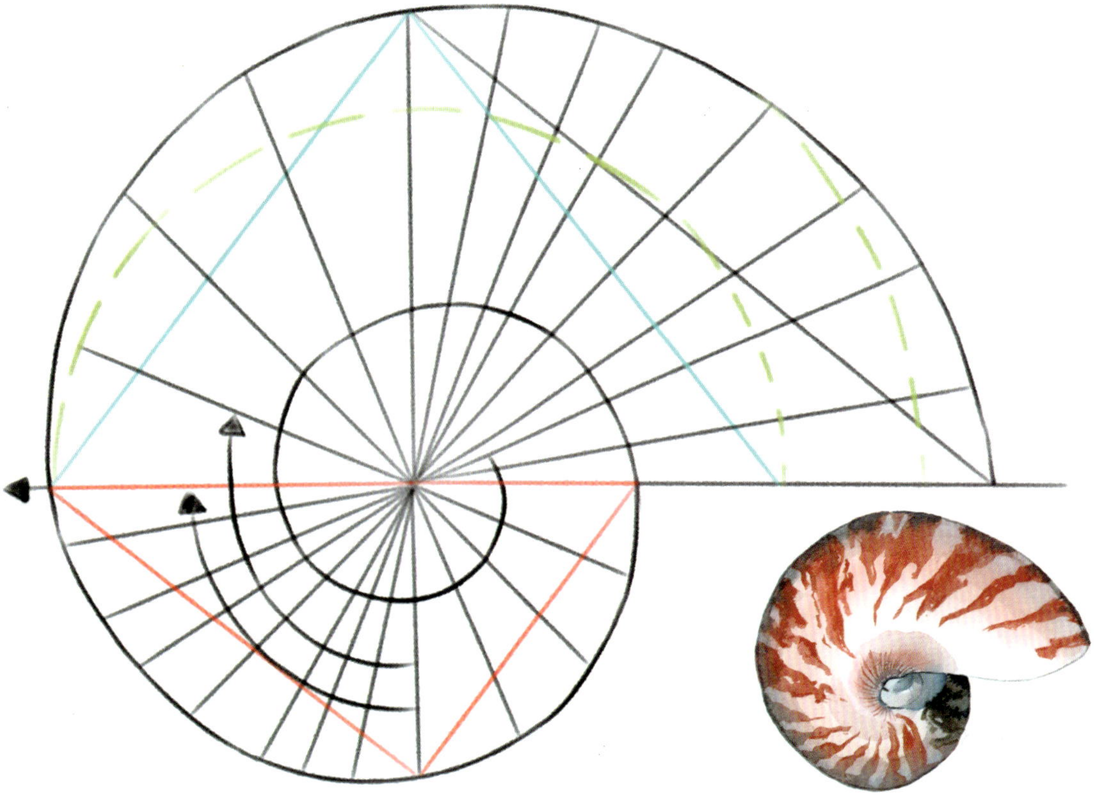

▲ 近似等角螺旋线

原来是这样！

什么是等角螺线？

　　等角螺线、对数螺线或生长螺线是自然界中常见的螺线，在极坐标系 (r, θ) 中，这个曲线可以写为 $r = ae^{b\theta}$，$\theta = \dfrac{1}{b}\ln(r/a)$

从笛卡尔到伯努利

问：大自然中藏着如此多的等角螺线，是谁最先将其描述出来的呢？

答："我思故我在"的笛卡尔。1638 年，笛卡尔给出了等角螺线的解析式。瞧，科学就像叠叠乐，后人在前人的基础上继续探索。

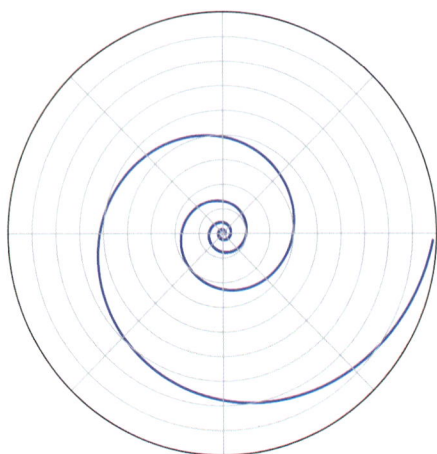

▲ 等角螺线

$$\rho = \frac{1}{2\pi}\theta$$

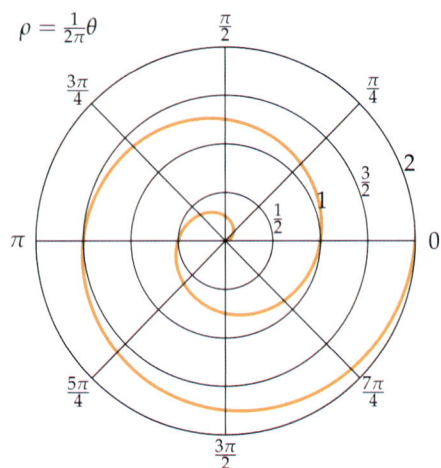

▲ 阿基米德螺线

后来，雅各布·伯努利成了等角螺线的痴迷研究者。他发现了等角螺线的许多特性，如等角螺线经过各种适当的变换之后仍是等角螺线。他十分惊叹和欣赏这曲线的特性，要求死后将之刻在自己的墓碑上，并附词"纵使改变，依然故我"（eadem mutata resurgo）。可惜雕刻师误将阿基米德螺线刻了上去。

▲ 笛卡尔

▲ 伯努利

笛卡尔的心形螺线

这是一个数学家与公主的故事，这是一个传说。

1 欧洲爆发黑死病，笛卡尔逃到挪威的一个小公国，并担任了公主克里斯蒂娜的数学老师。

2 他们喜欢彼此，却遭到国王的反对。笛卡尔很快被赶走了。

3 笛卡尔在给克里斯蒂娜寄出第十三封信后就气绝身亡了。这第十三封信内容只有短短的一个公式：$r = a(1 - \sin\theta)$。

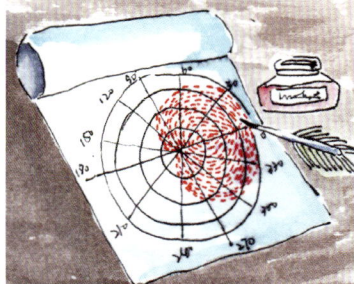

$r = a(1 - \sin\theta)$

4 国王大发慈悲把第十三封信交给克里斯蒂娜。公主马上把方程的图形画出来，原来解出来是心的形状。

5 公主派人在欧洲到处打听心上人的消息，可惜再也找不到他……

贝壳的黄金螺线

等角螺线是一根无止尽的螺线，它永远向着极绕，越绕越靠近极，但又永远不能到达极。即使用最精密的仪器，我们也看不到一根完全的等角螺线。可就像我们之前说的，自然界的很多生物似乎不约而同地近似于等角螺线。它们大多是黄金螺线。

▲ 鹦鹉螺

▲ 鹦鹉螺解剖图

原来是这样！

什么是黄金螺线？

在数学领域，黄金螺线指的是什么？黄金螺线，又称斐波那契螺线，是等角螺线的一种。

到底什么是黄金螺线？我们不妨先来画个图。

如何画黄金螺线？

第一步：画斐波那契矩形

将斐波那契数列 (1，1，2，3，5，8，13，21) 乘以一个系数，作为正方形的边长，按顺时针方向排列，构成一个斐波那契矩形。

第二步：斐波那契螺旋线

在上述斐波那契矩形的基础上，在每一个正方形内，以正方形边长绘制一个1/4圆，如右图所示，就构成了斐波那契螺旋线，也就是黄金螺线。

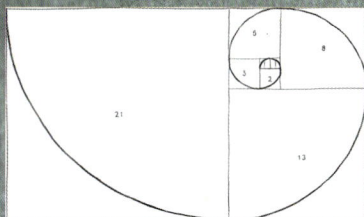

个 人 简 历

斐波那契，斐波那契数列的定义者。在算术、代数、几何及不定方程等领域都有很高的造诣，并将现代书写数和乘数的位值表示法系统引入欧洲，他是中世纪欧洲最杰出的数学家。

▲ 斐波那契

大自然中的很多事物像螺旋线那样美，呈现出无限宽广的图景。而黄金螺线，被人们认为是极致中的极致，是美中之美。

在黄金螺线中，存在着一个神奇的数字：0.618。在数学领域，0.618被人们公认为最具有审美意义的比例数字。

在事物各部分之间，存在一定的数学比例关系。若将整体一分为二，较小部分与较大部分之比等于较大部分与整体部分之比，其比值约为0.618，即长段为全段的0.618，这样的分割就是黄金分割。

$$\frac{A}{B} = 0.618 = \frac{B}{A+B}$$

较小部分和较大部分的比值等于较大部分和整体部分的比值

▲ 黄金比例

其实，鹦鹉螺身上的螺线是一种天然螺线，是生物在自然界经过若干年长期的自然选择而形成的固有自然形态。它只是近似黄金螺线，而非完全等同于黄金螺线。

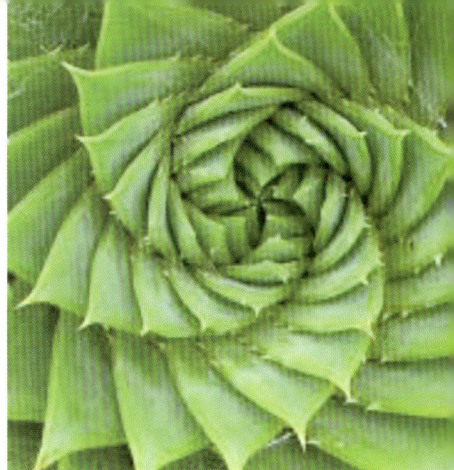

▲ 奇妙的螺旋线

斐波那契数列联盟

当我们仔细来看，螺线里藏着的斐波那契数列，像是一种生命的自然律。

▲ 鹦鹉螺剖面

原来是这样！

什么是斐波那契数列？

斐波那契数列：0, 1, 1, 2, 3, 5, 8, 13, 21, 34, 55, 89, 144, 233, 377……

特点：

从第三个数起，每个数都是前两数之和。

从第三个数开始每隔两个数必是 2 的倍数，从第四个数开始每隔三个数必是 3 的倍数，从第五个数开始每隔四个数必是 5 的倍数……

该数列从 15 个数后相邻两项的比值无限趋向于黄金比例 1.61803398……或 0.618……

斐波那契数列都藏在自然和生活中的哪些角落？

枝桠数里藏"黄金"

树木的生长里藏着斐波那契数列。由于新生的枝条，往往需要一段"休息"时间，供自身生长，而后才能萌发新枝。所以，一株树苗在一段间隔以后，例如一年，以后长出一条新枝；第二年新枝"休息"，老枝依旧萌发；此后，老枝与"休息"过一年的枝同时萌发，当年生的新枝则次年"休息"。这样，一株树木各个年份的枝桠数，便构成斐波那契数列。这个规律，就是生物学上著名的"鲁德维格定律"。

V - - - - - - - - - - - - - - - 8

IV - - - - - - - - - - - - - - - 5

III - - - - - - - - - - - - - - - 3

II - - - - - - - - - - - - - - - 2

I - - - - - - - - - - - - - - - 1

年份   枝桠数

▲ 枝桠里的数学

姿态优美，身材苗条的时装
模特和翩翩起舞的舞蹈演员，
其腿和身材的比例也近似于
0.618 的比值。

▲芭蕾舞演员

人体里的黄金比例

肚 脐 头顶到足底的分割点　　**咽 喉** 头顶到肚脐的分割点

膝关节 肚脐到足底的分割点　　**肘关节** 肩关节到中指尖的分割点

眉间点 发际到颏底间距上 $\frac{1}{3}$ 与中下 $\frac{2}{3}$ 的分割点。

鼻下点 发际到下巴底间距下 $\frac{1}{3}$ 与上中 $\frac{2}{3}$ 的分割点。

唇珠点 鼻底到下巴底间距上 $\frac{1}{3}$ 与中下 $\frac{2}{3}$ 的分割点。

颏唇沟正路点 鼻底到颏底间距下 $\frac{1}{3}$ 与上中 $\frac{2}{3}$ 的分割点。

左口角点 口裂水平线左 $\frac{1}{3}$ 与右 $\frac{2}{3}$ 的分割点。

右口角点 口裂水平线右 $\frac{1}{3}$ 与左 $\frac{2}{3}$ 的分割点。

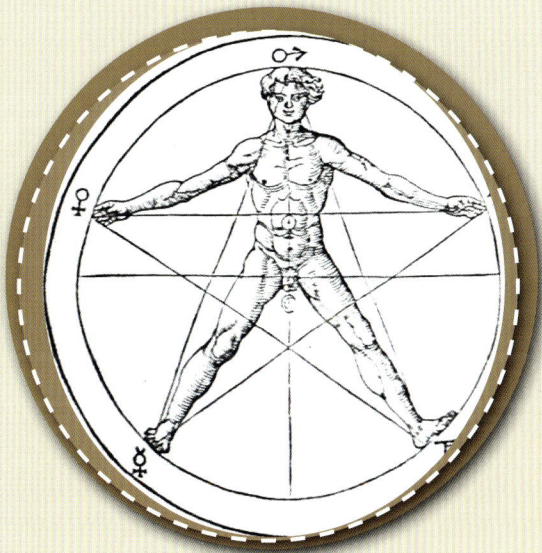

▲ 人体里的黄金比例

心 脏 心脏中心位于胸腔的黄金分割点上。

脊 柱 整个脊柱的 0.618 是胸与腰的分界线，也就是第 12 胸椎处。

关 节 从肩到中指指尖的 0.618 是肘关节，从肘关节至中指指尖的 0.618 为腕关节，从
膝关节至足尖的 0.618 是踝关节。

身 材 姿态优美，身材苗条的时装模特和翩翩起舞的舞蹈演员，他们的腿和身材的比例
也接近于 0.618 的比值

"黄金"躲在生活中

当有了一双发现"黄金"的眼睛，你就会发现，斐波那契数列对世界产生的影响不仅在自然，而且蔓延到了生活中。建筑师、摄影家、设计师都喜欢用数来定义美丽。

▲ 建筑

黄金分割比例：0.618 : 1

▲ 摄影构图

▲ 艺术设计

▲ 生活创意

撒欢儿数花瓣

据说，植物花瓣里也藏着斐波那契数列。作为好奇心小分队一员的你，应该从来不相信什么"据说"，一起到大自然里撒欢儿数花瓣吧，验证一下"鲁德维格定律"。

大多数植物的花，其花瓣数恰是斐波那契数。例如，鸢尾有 3 个花瓣，毛茛属的植物有 5 个花瓣，翠雀属的植物有 8 个花瓣，万寿菊属植物有 13 个花瓣，紫菀属植物有 21 个花瓣，雏菊属植物有 34、55 或 89 个花瓣。

　　这些植物懂得斐波那契数列吗？当然不会，它们只是植物长期进化和适应环境的结果。这似乎是植物的"优化方式"。

　　数花瓣的时候，可以让爸爸妈妈给你拍张照。你一定要检查一下他们有没有用"黄金分割原理"来照相！

以物理的名义，召唤贝壳

自然界中的生物总是倾向于选择最佳的可行方案，这意味着自然系统总是力争最优性能。如此，只懂得数学怎么行，它们还得是个"物理通"。

所以，小小贝壳身上除了有数学家热爱的螺旋线，还有物理学家热爱的力学和声学秘密。来吧，在科学的世界里，以物理的名义，召唤贝壳！

贝壳里有"大桥"？没错，它叫矿物桥！

当外敌来袭时，小小的贝壳如何保护自己的身体不受伤害？坚硬的贝壳具有近乎完美的抗压性能。

▲ 贝壳里有大桥

珍珠母里搭大"桥"

不要留情，拿一片瓷砖狠狠撞击海螺壳，会发生什么？海螺壳完好，瓷砖却碎得稀里哗啦。

看似小巧的贝壳，之所以如此坚硬，是因为其内部有"矿物桥"的存在。而贝壳内部的矿物桥存在于一种叫作珍珠母的有机基质层中。

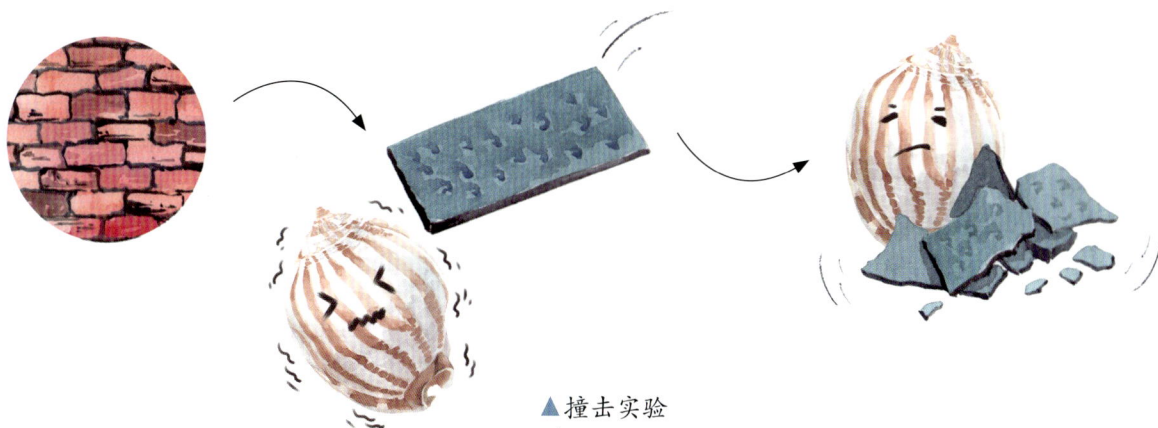
▲ 撞击实验

珍珠母在哪儿？

假设我们有"穿墙术"一样的特异功能，对贝壳来一次微观探险，你会发现，贝壳分为三层：最外层为黑褐色的角质层（壳皮），薄而透明，有防止碳酸侵蚀的作用，由外套膜边缘分泌的壳质素构成；中层为棱柱层（壳层），较厚，由外套膜边缘分泌的棱柱状的方解石构成，外层和中层可扩大贝壳的面积，但不增加厚度；内层为珍珠层（底层），由外套膜整个表面分泌的叶片状霰石（文石）叠成，具有美丽光泽，可随身体增长而加厚。

注意看内层，有的贝壳中存在珍珠母微结构，它的力学性能很好，尤其在材料的强韧性上表现突出。

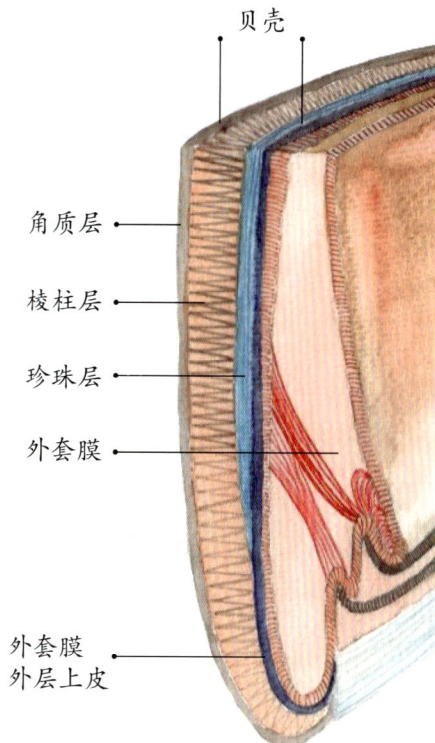
贝壳
角质层
棱柱层
珍珠层
外套膜
外套膜外层上皮
▲ 贝壳的结构

25

关于"矿物桥"的**6**件酷事

1

珍珠母是一种由有机基质（包括多糖和蛋白质）为基体、文石晶片形成增强相的两相相间的层状复合材料，其微结构是由一些小平板状结构的文石晶片单元平行累积而成。

2

这些文石晶片平行于贝壳壳面，**就像建筑物墙壁的砖块**一样相互堆砌镶嵌、成层排列，形成整个珍珠层。

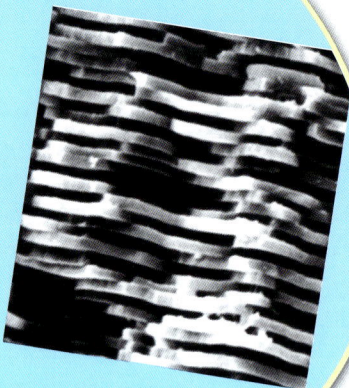

"砖－泥"结构？

接着往下看。

3

在珍珠母的有机基质层中，存在垂直于上下两文石晶片层的一种具有纳米尺度的文石**晶体结构**。在生物矿化领域中，这种结构被称为**矿物桥**。

所以，珍珠母微结构应描述为"砖－泥－桥"结构！

4

矿物桥呈两头大中间小的**哑铃状**，其端部直径为 40 纳米至 50 纳米，中间段直径为 20 纳米至 30 纳米，其高度与有机基质层厚度相同。

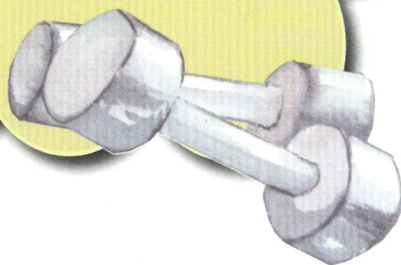

5

矿物桥在有机基质层中出现的位置是随机的。

贝壳的形成过程，是一种生命系统的有序运行过程。贝壳所具备的天然的坚韧性，是人工合成材料的数千倍。

现在你知道瓷砖撞击海螺壳碎得稀里哗啦的深层原因了吧？

6

"矿物桥"在珍珠母界面中的特殊分布不仅可以增大裂纹阻力，阻止裂纹扩展，而且能有效地提高珍珠母有机基质界面的弹性模量、材料强度和韧性，这可能是构成现有的仿珍珠母"砖－泥"式结构人造材料的力学性能远低于天然珍珠母材料力学性能的主要原因之一。

贝壳的旋转之力

　　不仅数学家爱螺旋，物理学家同样亲近螺旋。螺旋形的贝壳与螺旋形的内部结构，在为柔软的软体动物提供保护作用的同时，这种特殊结构所产生的集约、传动及紧固三种功能，也为人们的生活提供了巨大的帮助。

▲ 贝壳的旋转之力

集约力

想象一下，把一个能随意变形但不会断裂的管子放入由硬的球体组成的混合物中，如何放置所需的空间最小？

聪明的你一定想到了贝壳的螺旋结构。

没错，贝壳是空间节约的典范。在狭窄的空间内，螺旋形结构的行程所需要的能量最少。

思维发散而去，DNA 的双螺旋结构是对细胞内空间局限的一种适应，就像是由于公寓空间局限而采用螺旋梯的设计一样可以节省大量的空间。

▲ 楼梯

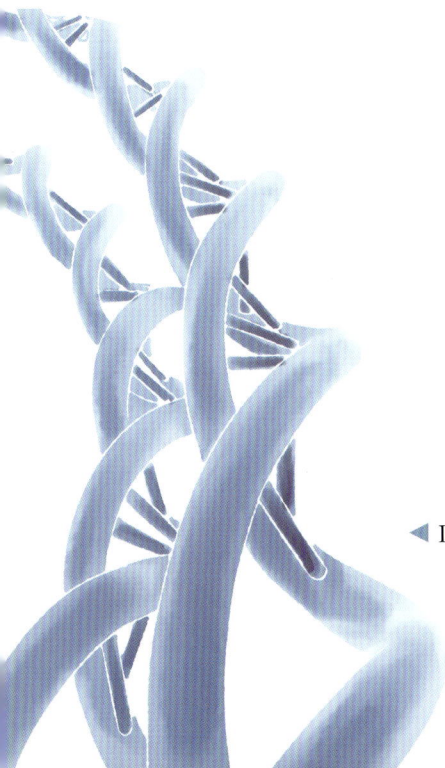

◀ DNA 结构

传动力

有着螺旋外壳的软体动物，其肉体是怎样的？

软体动物的肉体自然也长出了螺旋的形状。遇到紧急情况的时候，这种肉体可以用很快的速度、很小的传动力将身体收缩进壳体，保护自己。

大概是以此为灵感，在两千年前的古希腊，阿基米德发明了用螺旋的传动功能从河中向上提水，做到了让"水往高处流"。

▲ 软体动物的肉体

▶ 阿基米德提水机

制作阿基米德螺旋提水机

"螺旋先生"阿基米德又来了！

中东的农民到今天仍在使用阿基米德螺旋提水工具往农田里灌水。我们能不能动动小手，还原一下两千年前的这个伟大发明呢？

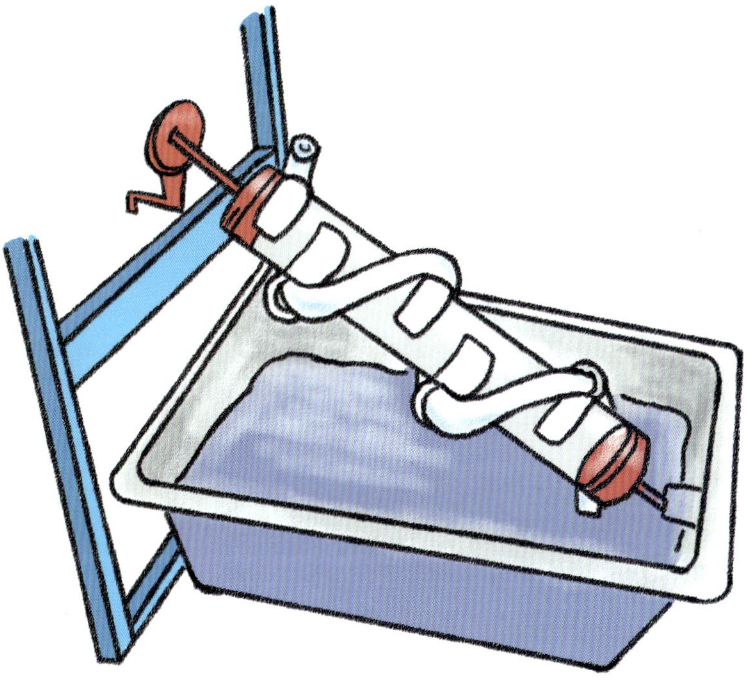

▲ 制作"提水机"小实验

原理：内部空间沿着中央长轴呈螺旋状盘旋，其连接着把手。当转动把手时，只需要用较小的力就可以让水沿着螺纹上升到机器的顶部。

散件 详 图

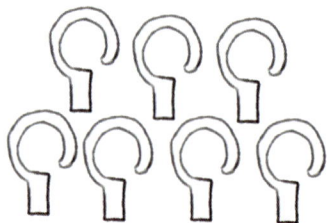

卡扣 7 个

摇柄一个

带轴堵头两个

减速机支架一个

水池一个

高级软管两根

透明硬管一根

染料一袋

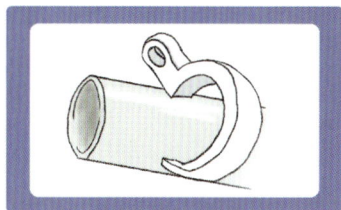

① 安装支架

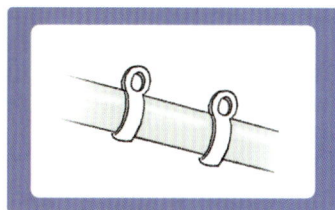

② 安装卡扣

③ 卡扣完成

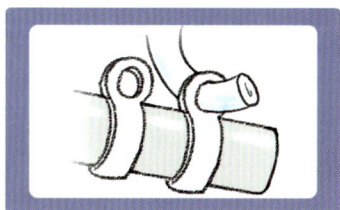

④ 安装胶管

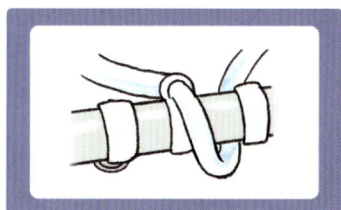

⑤ 缠绕胶管

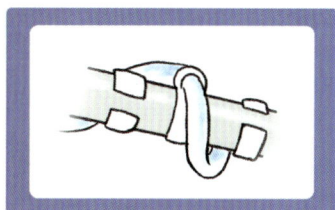

⑥ 完成胶管

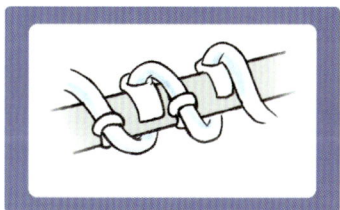

⑦ 调整胶管

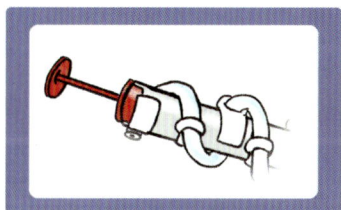

⑧ 安装堵头

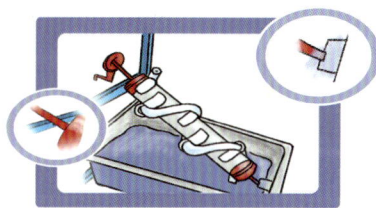

⑨ 合并装置

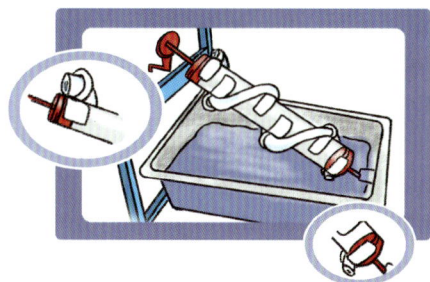

⑩ 安装完成

探究原理的过程魅力无穷。在一定意义上说，轮船和飞机上的螺旋推进器、传送机和搅拌机等都是从阿基米德螺旋发展而来的。

紧固力

在拔河比赛的时候，为了取胜，我们会习惯性地将绳子螺旋地缠绕在自己的手臂上，这种情况在生活中不胜枚举。其实贝壳也是一样，这就是螺旋的锁紧功能。

软体动物的螺旋外壳就像一把锁一样，紧紧地将其肉体锁入其中。当软体动物将自己的身体藏入壳中时，我们很难将其从贝壳中"请"出来。

实际使用的螺旋有方形、三角形、梯形、锯齿形等形状，各有不同用途，作为传动用的螺旋多为方形螺旋纹。

▲ 各种各样的螺丝钉

螺旋在机器和结构中得到广泛应用，机床的丝杠用螺旋来传动，机器和结构上的各种螺钉和螺栓则用螺旋来锁紧。

此外，螺旋千斤顶、螺旋送料机、螺旋推进器等也是螺旋在其他方面的应用。

▲ 螺栓与螺丝钉

▶ 千斤顶

▲ 螺丝

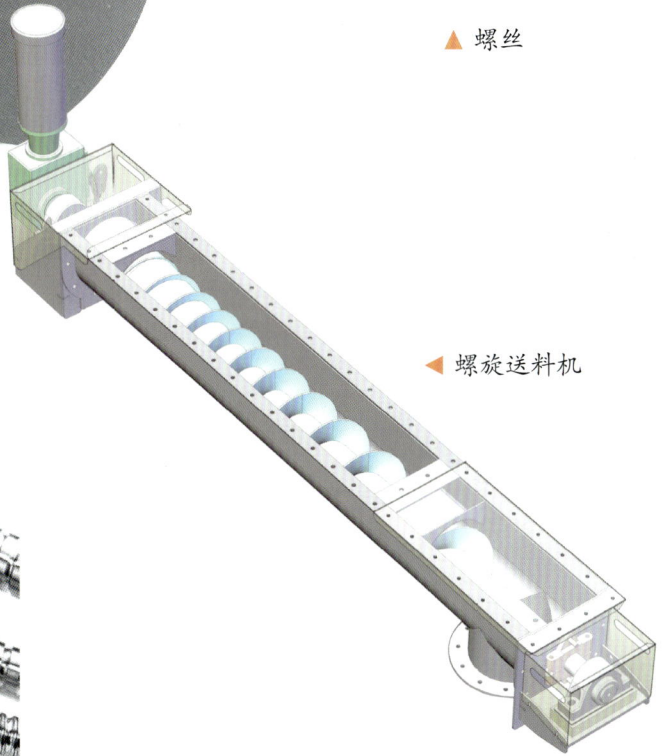

◀ 螺旋送料机

▲ 丝杠

当声音遇上贝壳

看到这个题目，你一定会惊讶：贝壳与声音还有关系？当声音遇上贝壳，奇妙的声学故事就开始了。

听，贝壳里有海浪声

捡一枚空海螺放在耳边，会听到从里面传来的嗡嗡声，人们常说这是海浪的声音。贝壳里为什么会有海浪的声音呢？难道贝壳跟留声机一样，能够将声音录入再放出来吗？

如果不是海浪的声音，贝壳里的声音究竟是什么呢？

有人说，我们听到的是噪音。螺壳内部呈弯曲状，并驻满空气。当人们处在很嘈杂的环境中时，嘈杂的声音会使螺壳里面的空气产生振动，因此，当你把螺壳贴近耳边时，就会听到类似于海浪的声音。

有人说，我们听到的是自己血液流动的声音。贝壳的螺旋结构，能够使它通过共振的作用放大环境中一些特定频率的声音，比如，人体血液流动的声音。这种声音太小，平时人们无法听到。但是，当我们把螺壳放到耳边时，螺壳的螺旋形结构及其口大尾小的形状就好比一个扩音器，能把血液流动的声音成倍放大，听起来就像大海波涛涌动的声音。

小螺号，大音箱

关于贝壳里的声音究竟是什么，人们说法不一。但是，通过贝壳能够传递出清晰、明亮的声音，是人们亲耳所闻。

小螺号滴滴滴吹

海鸥听了展翅飞

小螺号滴滴滴吹

浪花听了笑微微

小螺号滴滴滴吹

声声唤船归

小螺号滴滴滴吹

阿爸听了快快回

茫茫的海滩

蓝蓝的海水

吹起了螺号

心里美

——儿歌《小螺号》

你唱过这首《小螺号》吗？你吹响过小海螺吗？

去海边捡一个海螺吹吹试试吧。

吹完之后，你大概会有这样的疑问。

螺号那些事儿

问：为什么贝壳能传递出悠长的声音？

答：这与海螺的螺旋结构有密切关系。而其所具备的这种留声特质，被广泛应用于生活中，比如圆号、留声机。只是，贝壳所具备的天然传声构造，会比工业仿制物件具有更好的传声功能。

问：把播放音乐的手机放在法螺的边上，音乐的音量被放大了几十倍，而且音色更加饱满，就像连上了功率放大器。这是为什么？

答：与同样功率的电源音箱相比，当声音传出海螺后，声波在光滑、致密的螺旋形腔体内通过共鸣箱的震动和螺旋加速，所传出的声音衰减程度较小，声音听起来会更饱满、立体，具有更好的保真效果，同时，声音传递的距离会更远。

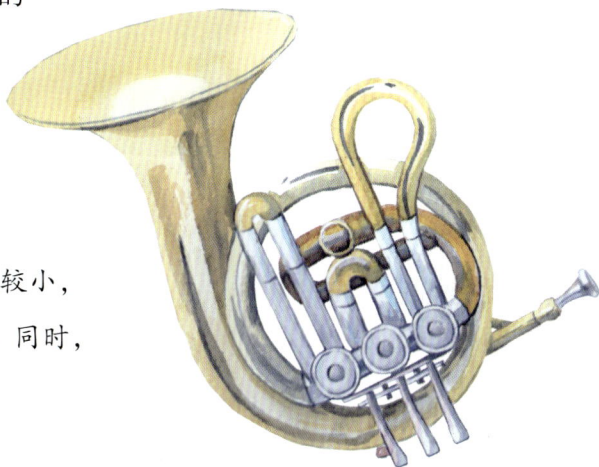

▲ 圆号

原来是这样！

你知道"海螺之音"吗？

在藏传佛教寺院和居士的佛堂中，普遍供奉"八吉祥"，其中包含法螺。法螺是密宗必备之法器、供器，是佛事活动使用的乐器之一。

据佛经记载，释迦牟尼说法时声震四方，如海螺之音。在西藏，以右旋白海螺最受尊崇，被视为名声远扬三千世界的象征，也象征着达摩回荡（乐曲十分动人）不息的声音。

◀ 清白贝壳镶银法螺

深呼吸，一头扎进贝壳的化学世界

参观完"矿物桥"，用阿基米德螺旋原理制成的提水机提完水，吹完小螺号，你有没有成为懂力学和声学的物理"小达人"？科学奥秘深不见底，来，深呼吸，一头扎进化学世界吧！

变变变，化学成分"显形"！

小贝同学在金沙滩拾到一些形态各异的贝壳，这引起了化学小组小伙伴们的研究兴趣。他们最喜欢的一件事就是到实验室里做好玩的实验，让化学成分"显形"。贝壳中最主要的化学成分是什么呢？实验过后，你就知道了。

化学反应看得见

【提出问题】

贝壳中的主要成分是什么？

【提出猜想】

可能是氢氧化钙，可能是碳酸钙

澄清
石灰水

【进行实验】

第一组取少量贝壳放入器皿中，加入适量的水，搅拌，滴加酚酞试液。

第二组取少量贝壳放入器皿中，加入适量稀盐酸。

实验结果：第一组溶液不变色；第二组有气体产生，并产生沉淀。

【得出结论】

根据氢氧化钙溶液呈碱性能使酚酞试液变红色的原理，第一组溶液不变色，所以不含氢氧化钙；根据碳酸钙与盐酸反应生成氯化钙和二氧化碳气体的原理，二氧化碳通入澄清石灰水反应生成碳酸钙沉淀和水。

贝壳中的主要成分为碳酸钙。

怎么样？实验好玩吗？其实贝壳的成分十分复杂，有无机物和有机物两种。其中，贝壳的无机成分主要为碳酸钙，其次为氧化钠、二氧化硅、氧化镁及三氧化二铝等，此外还有 10 多种微量元素；贝壳的有机成分中含有天冬氨酸、甘氨酸、谷氨酸等 16 种氨基酸，并与珍珠中的氨基酸相近。

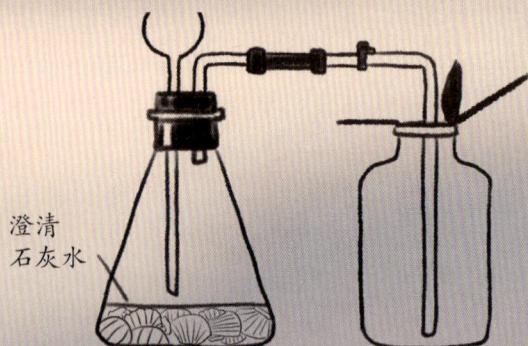

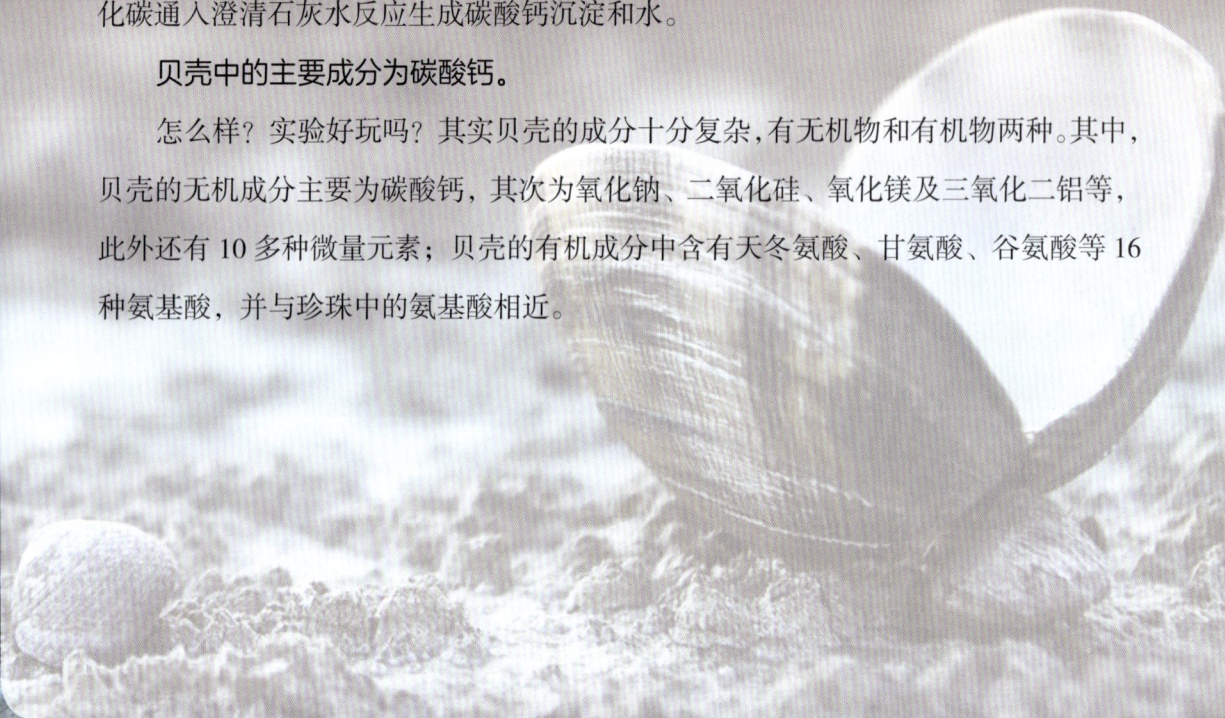

石油形成，贝壳报到

对于贝壳化学成分的研究，让人们真正了解贝壳资源在大自然中存在的深远意义，也让人们更好地利用贝壳资源。

在数亿年的进化过程中，贝壳家族对石油、煤炭、天然气等现代能源的形成有不可忽视的重要作用，可谓"取之于自然，用之于自然"。

石油和贝壳的故事

在白垩纪，海洋里生活着一种厚壳蛤，它们广泛地分布在低纬度温暖的浅海水域。

幼体通常待在成年厚壳蛤的背上生长。

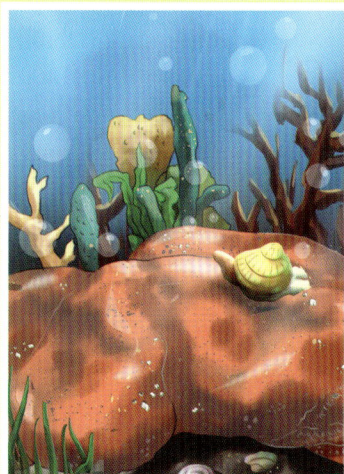

在幼贝生长过程中，厚壳蛤会分泌出大量石灰质来制造贝壳，因此在它们生长的地方通常会形成类珊瑚礁的东西，这样也为海洋里的其他生物创造了生活空间，就好像珊瑚虫所做的一样。

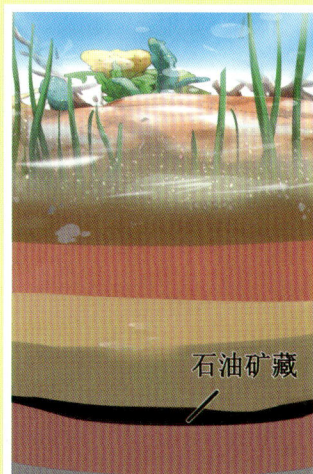

石油矿藏

经过数千万年的沉积、固化，形成了厚达1000多米的巨大地层，这里蕴藏着丰富的石油矿藏。

"韧者神贝"的秘密

一场粉笔和贝壳的 PK

取一支粉笔与一个贝壳，依次掰折。

最后，粉笔与贝壳发生了什么变化？

▲ 粉笔和贝壳都由碳酸钙晶体构成

人工

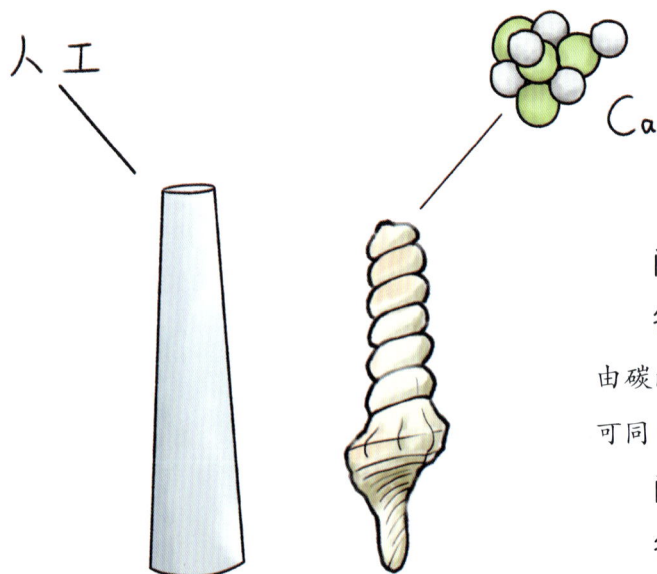

▲ 粉笔为人工合成材料，
贝壳为天然生物材料

问：为什么选粉笔和贝壳 PK？

答：从化学成分上来说，粉笔和贝壳都是由碳酸钙晶粒构成的，但在力学性能上两者不可同日而语。

问：粉笔和贝壳的差距为什么会这么大呢？

答：粉笔属于人工合成材料，贝壳却是由某些软体动物通过吸收钙离子进行生物矿化后，生长出来的天然生物材料。就是说，贝壳的制作过程有生命系统的参与。

坚固如初？"有机胶"来帮忙

　　粉笔和贝壳在韧性方面差距这么大，和前文讲到的"矿物桥"结构有关，除了物理结构上的原因，还有什么原因？结合显微镜下的鲍鱼壳，我们进一步探究贝壳像金钟罩的原因。

　　在普通的显微镜下面，十字切开的鲍鱼壳看上去是由一层层厚度只有大约 0.2 毫米的碳酸钙组成。不过在提高显微倍数后，可以看到每一层碳酸钙又是由更多的每层厚约半微米的层状结构组成。

　　这些薄层由一排排头尾相接的微型碳酸钙"砖块"组成，并由一种有机糖蛋白胶将它们固定。像砌成花园围墙的砖头一样，这些薄层是互相错开的，每块"砖"码放在另两块头尾相接的"砖"上面。

▲ 观察鲍鱼壳

▲ 砖墙

▲ 鲍鱼壳

▲ 坚硬的贝壳

就算碰撞强劲，有的贝壳也能化解。这是怎么回事？

受到碰撞后，贝壳上可能会出现穿透数层微型"砖块"的直线状裂痕。不过这种破坏最终会由黏住"砖块"的有机胶所化解。裂痕可能会继续存在，但它的位置沿胶黏层有了改变，其宽度也比原先窄了。这个过程一直继续到碰撞的能量被吸收，壳体停止开裂为止。由于裂痕不能沿直线穿过"砖块"层，贝壳仍然坚固如初。

向贝壳学习

在化学阵营，尤其是复合材料领域，人们向贝壳学习的地方不少。

"海贝"新材料

来自英国曼彻斯特大学和利兹大学的科学家们成功研发出一种新型的"海贝"合成材料，最大特点是更加坚硬。用这种材料建造的住宅和办公楼将更坚固耐用。他们的灵感来自于在海滩上发现的贝壳，研究人员从各种不相近的"成分"中提取相应物质最终合成一种全新的复合材料。

▲ 作为新材料原料的贝壳

贝壳的艺术世界

有的贝壳拥有珍珠般的虹彩光泽，因而被用于珠宝业，制作项链、服装珠宝；还有的贝壳用于制作贝雕、拼贴画、镶嵌刀柄等。

▲ 贝壳项链

仿生纤维复合材料

在仿生纤维增强复合材料中，理想的情况就是像贝壳一样，能够在使用状态下，对应力的变化材料自身的内部结构也发生相应的变化。

更加理想的是人工复合材料能够像天然贝壳一样，具有适应环境及修复功能。这种生物仿生技术将给人类带来新型材料的革命。

科学应用，玩转贝壳

宇宙间仿佛有一位"博识者"，已经用神奇的工具测量过所有的东西，用最精妙的数学公式、最得体的物理学原理、最丰富的化学方程，用这些看不见的手协调着万事万物的生长、发展。

而大自然中有许许多多的奥妙，人类除了惊叹，总是发掘然后应用到人类世界中来。

我们能向贝壳学习的仅仅是前面提到的那些吗？当然不是，来，继续我们的探索之旅吧。

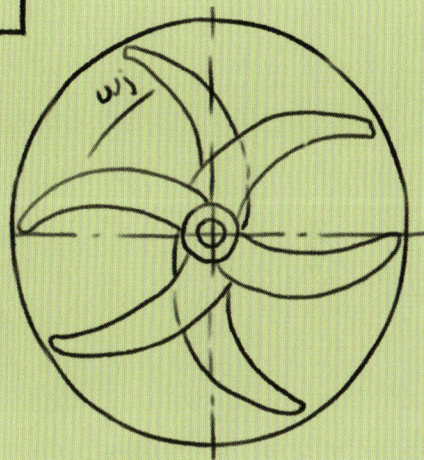

▲ 叶片布置方式

对数螺线叶片，搅拌设备的"拯救者"

问题：以前，搅拌设备大多采用直杆式搅拌叶片，有物料黏筒壁、黏叶片，磨损大、能耗高等缺点。

"拯救者"：对数螺线叶片。（对数螺线就是等速螺线）

"拯救"原理：在搅拌设备中，设置几层叶片并布置成一凹一凸的形式，可增加搅拌路程，提高搅拌效率。

螺旋武器，杀伤力无敌！

自从 17 世纪发明了螺旋膛线之后，枪炮射击的距离和精度才有了明显的提高。弹丸的运行受到枪管螺旋膛线的作用，保证了弹丸的稳定飞行。

与之类似，火箭和反坦克火箭弹的螺旋板尾翼在气流作用下使火箭自旋而能够稳定飞行。

由绕轴线的螺旋线组成螺旋曲面的螺旋桨已广泛地用于螺旋桨飞机、直升飞机、飞艇、船舶、潜艇和鱼雷等。

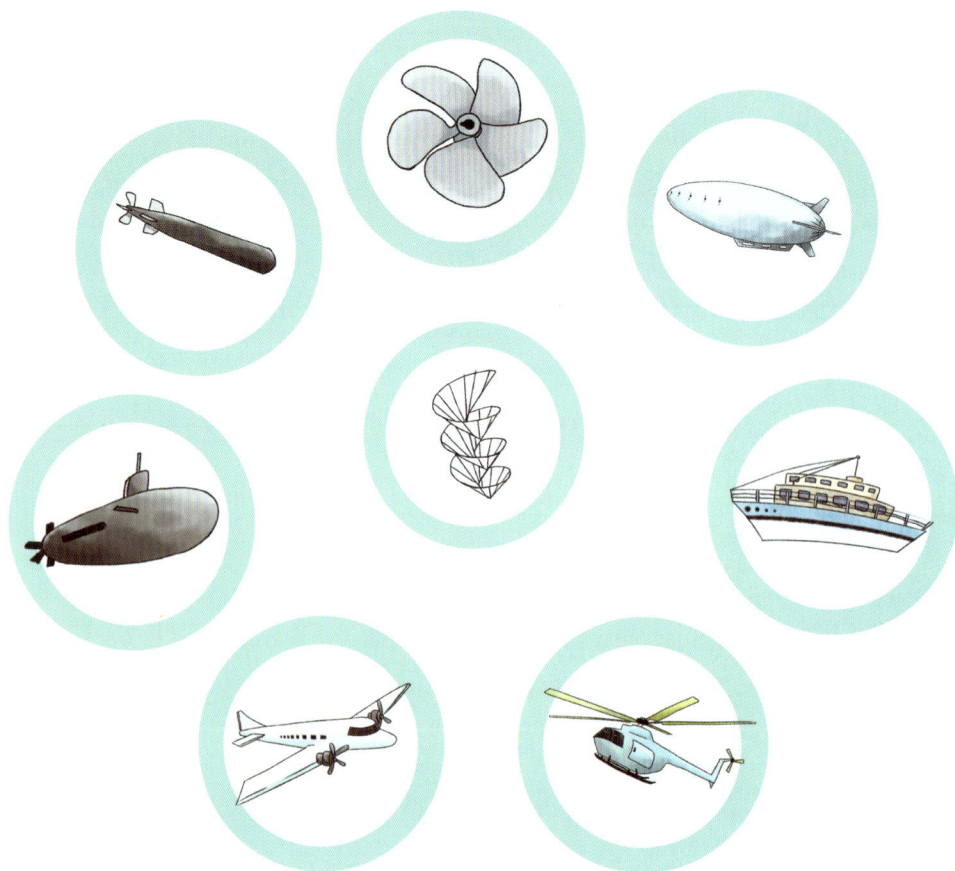

▲ 螺旋桨的广泛应用

吸附材料哪家强？贝壳强！

问：贝壳吸附材料哪里来？

答：将食用后废弃的扇贝壳进行酸洗和高温煅烧后，可获得一种新型的高效吸附材料——贝壳吸附材料。

问：贝壳吸附材料为什么好？

答：在微米尺度的条件下，贝壳吸附材料比活性炭孔隙率高得多，孔径分布也均匀得多。

问：为什么说贝壳吸附材料具有良好的除菌效果？

答：原因有两个：一是贝壳吸附材料含有大量的中孔，对细菌产生了强有力的吸附作用，起到了物理除菌效果；二是贝壳吸附材料的悬浮液具有较强的碱性，起到了化学除菌作用。

石鳖牙齿有多坚硬?

问：石鳖牙齿有多坚硬？

答：石鳖的牙齿如金刚狼的艾德曼合金骨骼般坚硬，只不过它是真实存在的，后者是由磁铁矿做的。

问：科学家从石鳖牙齿中读到了什么？

答：美国伊利诺州埃文斯顿西北大学的生物工程师莱尔·戈登研究了这些软体动物是如何形成这些坚硬牙齿的。

戈登的研究小组尝试在实验室里合成超级坚硬的材料，他们曾研究石鳖长达数年。利用诸如磁铁矿这样的物质——一种用于电子和医学设备的氧化铁——要求超高温和高压环境以及强酸等条件。

可能有朝一日，人类能够游刃有余地构建软体动物模型，并研发出在实验室合成坚硬材料的先进技术，这可能是产生新材料的革命性方式。

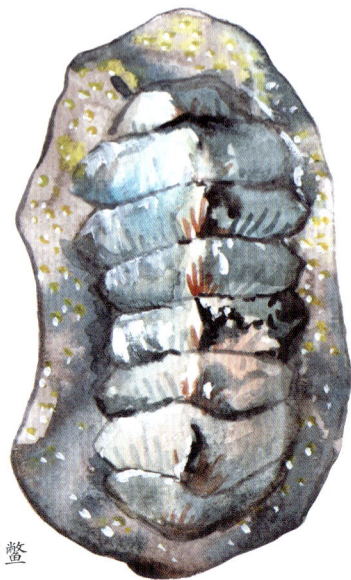

▶ 石鳖

▲ "鹦鹉螺"号潜水艇

"鹦鹉螺"号潜水艇

静态观察：

鹦鹉螺壳内由隔壁分成 30 多个小室，小室之间由中空的管子串联，靠壳口最外面的一室是它栖身的地方，叫"住室"。其余小室充满空气叫"气室"。

动态观察：

鹦鹉螺通过调节气室里空气的含量使身体在海水中沉浮。

模仿应用：

人类通过对鹦鹉螺行为的观察和研究，模仿鹦鹉螺排水上浮、吸水下沉的方式，制造出了第一艘潜水艇。"鹦鹉螺"级攻击核潜艇是人类历史上第一级核动力潜艇，也是第一艘实际航行穿越北极的潜艇。

生活中的奇妙螺旋

在人类生活和生产中与螺旋离心力有关的现象随处可见：离心节速器、离心试验器（飞行员锻炼身体）、离心干燥器、洗衣机脱水桶、离心沉淀器、硬币自动分拣机、舞者的裙摆、螺旋燃气灶等。

▲ 洗衣机脱水桶

▲ 舞者的裙摆

在水平公路上行驶的汽车，转弯时所需的向心力是由车轮与路面的静摩擦力提供的。如果转弯时速度过大，所需向心力大于最大静摩擦力，汽车将做离心运动而造成交通事故。因此，在公路弯道处，车辆行驶不允许超过规定的速度；工业上高速转动的砂轮、飞轮等因材料强度以及内部裂纹等原因时常发生碎裂而高速射出的伤人事件。

图书在版编目（ＣＩＰ）数据

　　小贝壳　大世界. 第一辑 / 青岛贝壳博物馆编著. －青岛：
中国海洋大学出版社, 2019.6
　　ISBN　978-7-5670-2164-8

　　Ⅰ. ①小… Ⅱ. ①青… Ⅲ. ①海洋生物－普及读物
Ⅳ. ①Q178.53-49

　　中国版本图书馆CIP数据核字（2019）第067283号

出版发行　　中国海洋大学出版社
社　　　址　　青岛市香港东路23号　　　　邮政编码　266071
出 版 人　　杨立敏
网　　　址　　http://pub.ouc.edu.cn
电子信箱　　oucpublishwx@163.com
订购电话　　0532-82032573（传真）
项目统筹　　郭　利
责任编辑　　王　晓　　　　　　　　　电　　话　0532-85901092
知识审读　　邓志科
装帧设计　　祝玉华
照　　　排　　青岛艺非凡文化传播有限公司
印　　　制　　青岛海蓝印刷有限责任公司
版　　　次　　2019年6月第1版
印　　　次　　2019年6月第1次印刷
成品尺寸　　200mm×260mm
总 印 张　　19.5
总 字 数　　300千
总 印 数　　1-12000
总 定 价　　165.00元（全5册）

发现印装质量问题，请致电0532-88785354，由印刷厂负责调换。

小贝壳 大世界

Little Shell Huge World

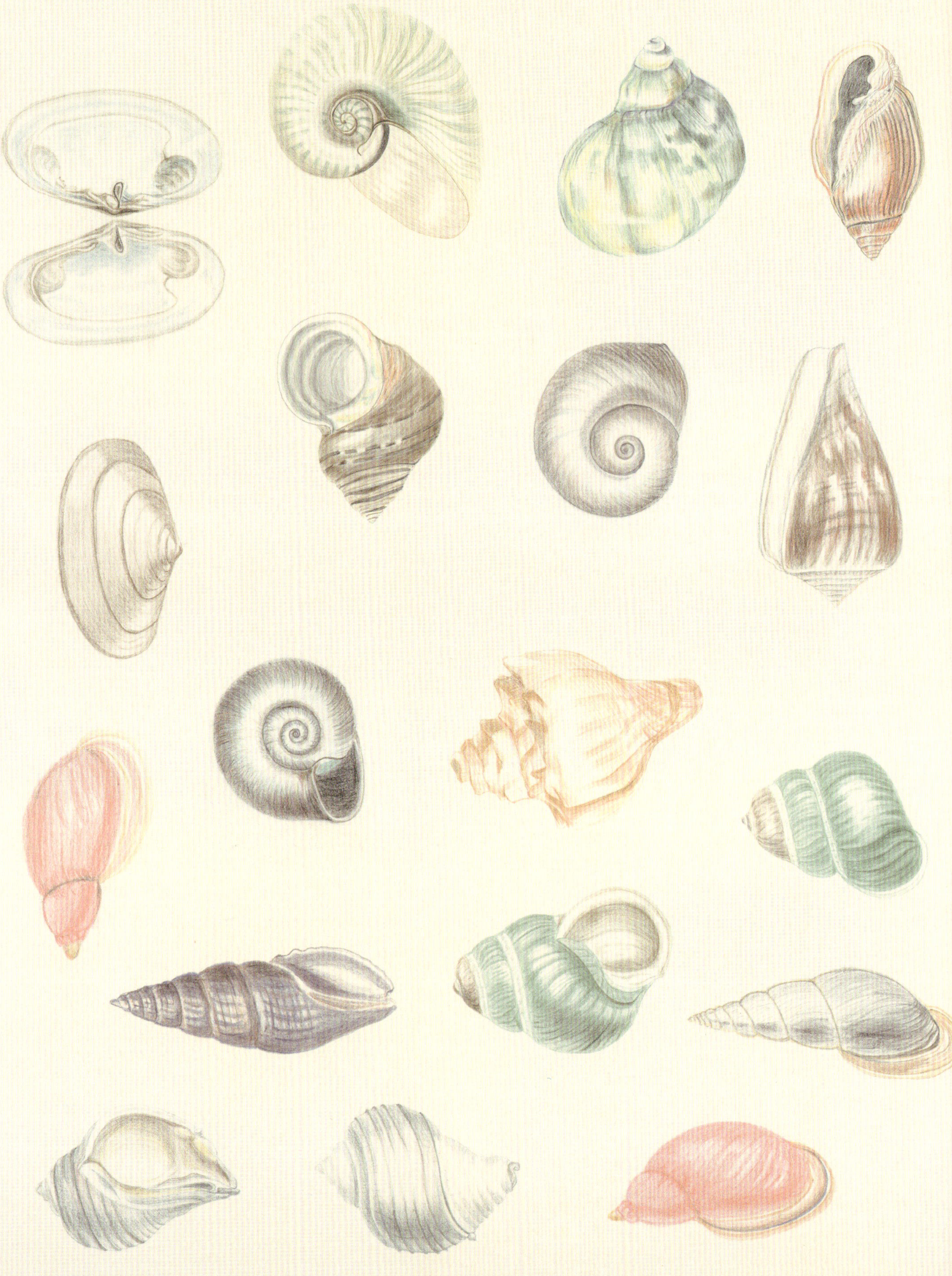

小贝壳 大世界
Little Shell Huge World
第一辑
④

让贝壳回家

青岛贝壳博物馆 / 编著

中国海洋大学出版社
·青岛·

一贝通世界

海贝不仅是海洋生物的代表，透过小小的贝壳还可以与天文、地理、物理、生物、化学、医药、建筑、美学、数学、哲学等近 24 个学科专业建立起桥梁关系。因此可以说，给你一枚贝壳，你就可以撬动一个世界。

"小贝壳 大世界"丛书依托青岛贝壳博物馆平台研究成果，带你一起探秘贝壳。旨在让更多青少年通过贝壳这个窗口了解海洋生物、认识自然；有助于培养青少年科学兴趣，建立科学思考的习惯，启发探索精神。

编创特色

- 坚持"人与自然和谐共存"的理念，主张科学知识与人文情怀并举。
- 素材生活化、趣味化，兼顾科学理论的同时，注重引导和培养孩子的兴趣。
- 每本书系统介绍一个主题，给出线索重在启发，锻炼孩子的整体观和创造力。
- 科学传真，图文并解，每本书有上百幅精细化插图及实景拍摄图片，以求提高孩子的审美鉴赏力。
- 本书涉猎贝壳来自全球 60 多个国家和地区，研究成果也是基于 STEAM 教育理念，打破常规学科界限设置，视野开阔，意在培养孩子们融会贯通的大能力。

编委会

主　　编　耿　秉

执行主编　李宗剑

编　　委　耿　直　丁晓冬　唐艳霞　张丽婷

　　　　　孙艳林　王　晓　吴欣欣　郭　利

本册文稿编撰　丁一鸣

插 图 绘 制　张燕双

支持机构

青岛西海岸新区科学技术协会

青岛西海岸新区文化和旅游局

目录
Contents

🐚 贝精彩教室

🐚 蔚蓝行动

本册主题

贝壳的家在哪里？

你见过**贝壳**吗？

如果见过，是在哪里见到的？

在海边的沙滩上，

在博物馆的玻璃橱窗里，

还是在流动的摊位上？

你知道贝壳真正的家
在哪里吗？

家园图谱

　　海滩上的一枚枚贝壳，都曾经是海洋里的一个个小精灵。海水孕育万物，也孕育了许许多多的贝类。它们有的生活在海洋沿岸地区，有的生活在深海里。其中，沿岸地区是大多数贝类生活的乐园，因为这里有许多可以进行光合作用的海洋植物，养分十分充足；在这里，贝类有很多食物可以享用。

　　沿岸地区根据海水深浅不同、环境不同，还能细分为潮上带、潮间带和潮下带。

潮上带：潮水平时淹不到，但是特大潮和风暴潮咆哮的时候，海水可以淹没这个区域。

潮间带：大潮时，海水涨落幅度最大。这时，涨潮时，潮水可达最高点，退潮时，潮水可达最低点，两者之间的区域，就是潮间带。

潮下带：潮间带以下，200米深以上的区域，就是潮下带。

"小沙漠"潮上带

平时的时候，潮水一般到不了潮上带，所以这里在整个沿岸地区算是"小沙漠"，只能凭着海浪和海风带来的水汽来保持湿润。对大部分贝类来说，这里显然不是理想的家园，但仍有不少耐旱的"勇士"生活在这里，比如部分短滨螺和肺螺科的石蟥。它们虽然生活在海边，却不能长期浸泡在海水中，忍耐"干旱"是它们的一大本事。

热闹的潮间带

　　沿岸地区中，贝类最喜欢住在潮间带，谁让这里阳光好、海水多、美食也多呢。潮间带既有茂密的红树林，又有软软的滩涂，还有硬硬的岩礁。潮间带中，海水同样深浅不一，不同深浅的海水中，又生活着不同类型的贝类。

"海陆两栖"红树林

　　大家印象中的海岸，往往不是沙滩，就是礁石，没什么植物。其实，在热带或亚热带泥质的海洋潮间带的上部，生长着一群常绿灌木或者小乔木植物，这些植物喜爱盐分，以红树科种类为主，因而称为红树林。

红树植物很独特，长着呼吸根，也就是说，一部分树根露出地表，用于呼吸。它们还是一类少见的木本胎生植物，种子可以在树上的果实中萌芽，长成小苗，然后脱离母株，坠落到淤泥中发育生长。

　　红树林是众多海洋生灵的天堂，其间生活着许许多多的浅海生物。贝类也有很多，比如喜欢攀枝附叶的滨螺和蜒螺、喜欢安静地在泥滩爬行的蟹守螺和耳螺，还有喜欢寄居在红树林根部的牡蛎，等等。

滩涂上的"挖沙游戏"

晚风吹斜阳，白浪逐沙滩。沙滩不仅富有诗意，还散落着星星似的贝壳。这些贝壳随海浪漂来，在海滩上安了家。其实，无论沙滩、泥滩还是岩滩，都属于滩涂。

滩涂中除了贝壳，还生活着许多活生生的贝类。

它们有的在滩涂表面爬来爬去。比如，织纹螺喜欢三五成群，在海滩上爬行，寻觅食物；一旦发现有鸟类或鱼类的尸体被海浪卷到岸边，它们就蜂拥而上，享受大餐。比如，珠带拟蟹守螺喜欢在泥沙滩上爬行，它们以有机碎屑为食，爬行过后，海滩上会留下一条条的痕迹。

帘蛤类或蛤蜊类

竹蛏类或刀蛏类

鸟蛤类

双带蛤类

海螂类

它们有的依靠强壮有力的足挖掘泥沙，把自己的整个身体或者身体前端埋在里面。遇到危险的时候，它们能迅速伸缩，躲进滩涂的泥沙中。看到浅埋在泥沙中的食物，又会毫不犹豫地下手。比如，玉螺会捕食其他贝类，一旦发现猎物，就会迅速用自己发达的足把猎物抱住，然后在猎物的壳上钻孔，取它们的肉吃，吃完后，把猎物的空壳丢在泥沙滩上，自己则静静地潜入泥沙中，深藏功与名。

　　滩涂上常见的贝类有双壳纲的鸟蛤、蛏子等。腹足纲的泥螺、锥螺等也非常喜欢生活在滩涂上。

满月蛤类

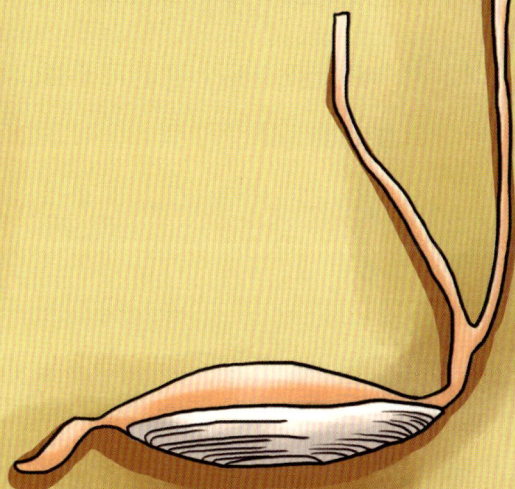

樱蛤类

樱蛤类

▶帽贝

▲鲍鱼

岩礁"防空洞"

除了舒缓的沙滩，海边最常见的就是
三三两两或成群结队的礁石了。别看这些
岩礁光秃秃的，它们可是许多贝类的"高
楼大厦"！

◀笠贝

▲ 贻贝

岩礁棱角分明，有很多孔穴，是贝类躲避天敌的天然"防空洞"。生活在岩礁上的贝类通常身形较扁较小，这样的"身材"有利于它们躲藏在岩石的缝隙或孔穴中。

在这里，常常可以看到贻贝、石鳖、笠贝、帽贝、单齿螺、菊花螺、鲍鱼等贝类。

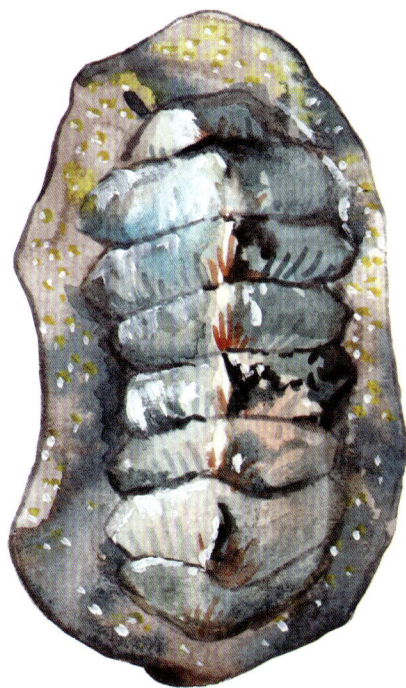

▶ 石鳖

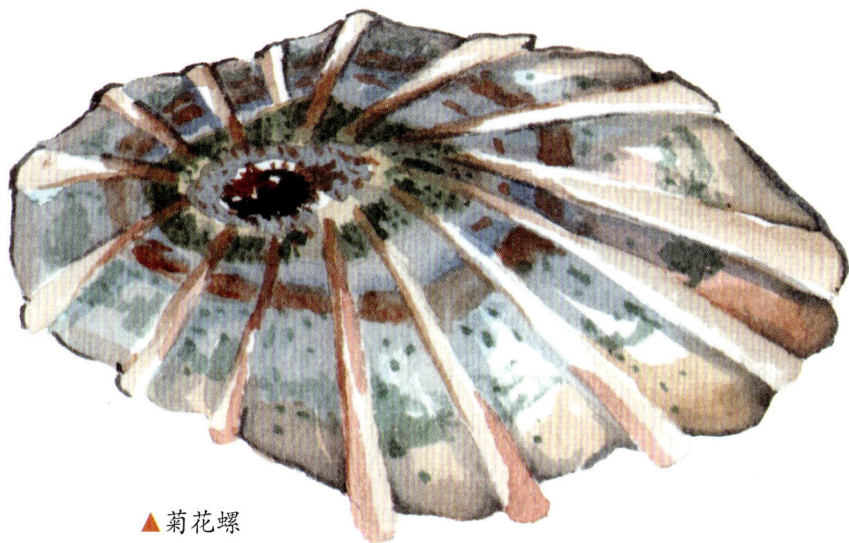

▲ 菊花螺

缤纷的潮下带

潮下带海水浅，阳光足，氧气充足，波浪还频频光顾，从陆地及大陆架带来丰富的饵料，所以这里生活着许许多多的海洋底栖生物，有鱼、虾、蟹、珊瑚、海绵、贝类等。

"海中绿洲"珊瑚礁

珊瑚礁多数位于赤道两侧南北纬 30 度以内的热带海洋，这里的生物多种多样，十分惊人，被称为"热带海洋沙漠中的绿洲"。

▲ 光螺

▲ 梭螺变色

珊瑚礁是由珊瑚虫及其骨骼组成的。珊瑚虫一群一群地聚居在一起，一代代地生长，一代代地死亡，数百年至数万年的时间里，它们的骨骼不断累积，便形成了珊瑚礁。

珊瑚礁像是一个大基地，栖息和生活着许许多多的生物，种类繁多，千奇百怪。那里生活着珊瑚虫，由于共生的虫黄藻，它们看起来五颜六色，觅

▲ 梯螺

▶ 梭螺变色

食的时候，触须伸展，宛如百花齐放，梦幻缤纷。多种多样的鱼畅游其中，大小不一，熙熙攘攘。各式各样的贝类或在珊瑚礁上爬行生活，或附在珊瑚礁生物上寄生或半寄生生活，比如光螺喜欢寄生在海星上，梯螺喜欢寄生在海葵上。

珊瑚自然也少不了被"剥削"，有一种珊瑚寄生螺，属于宝贝总科。它们经常寄生在珊瑚的枝杈上，以珊瑚虫为食。除此之外，长得像梭子，两头尖尖、中间鼓鼓的梭螺，也喜欢栖息在珊瑚上。不过，与珊瑚寄生螺不同，梭螺的"菜单"上不仅有珊瑚虫，还有海绵或者小的甲壳类动物。有趣的是，随着栖息环境和珊瑚颜色的不同，梭螺"外套"的颜色也会随之变化，就像变色龙一样。

▶ 珊瑚寄生螺

"寂静"的深海

"海纳百川，有容乃大。"海洋里面积最广的区域，不是潮上带、潮下带，也不是潮间带，而是广袤而浩瀚的深海。相比前三者热热闹闹的生灵气息，深海似乎寂静许多。

其实，深海底也藏着许许多多的贝类。每年开渔期，大批的渔船都会到远海捕捞，往往会收获一些特别的贝类，比如翁戎螺、金星宝贝、肩棘螺（长得很美，也叫花仙螺）、岩石芭蕉螺、黑原宝贝，等等。

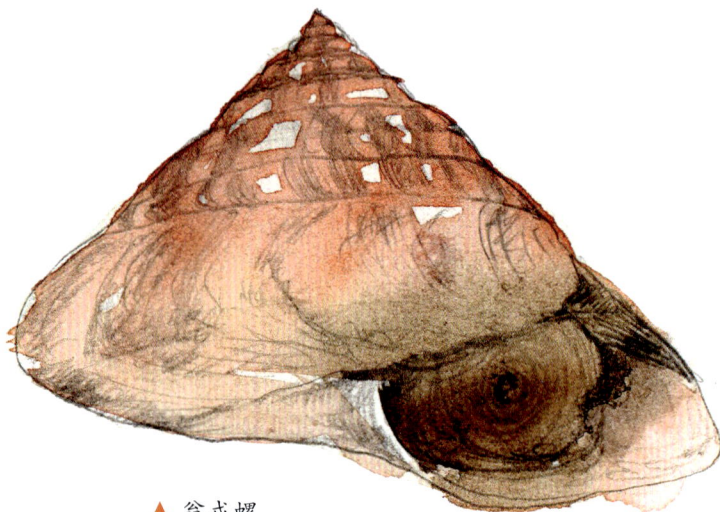

▲ 肩棘螺

▲ 翁戎螺

▲ 岩石芭蕉螺

这些海贝都栖息在深海底，它们或在海底的细沙上慢慢爬动，或在软泥上匍匐前行，或在碎珊瑚和砾石之间爬行。以前，它们是"养在深闺人未识"，如今随着大型机动船和深水拖网的普及，它们才陆续面世。

▲ 黑原宝贝

贝壳堤里藏"密码"

贝类有自己的家园，贝壳也有自己的住所——贝壳堤。

贝壳堤，也叫"蛤蜊堤""沙岭子""岭子垒"。古人称之为"贝丘"，地貌学家称之为"死亡的海岸洲堤"。

世界上有三大贝壳堤最为有名，即我国的渤海湾贝壳堤、美国的路易斯安那州贝壳堤以及南美的苏里南贝壳堤。

海浪把贝壳冲到海岸上，贝壳不断堆积，日积月累，就会形成贝壳堤。贝壳堤并非只有一道，因年代不同，冲击情况不同，淤积的情况也会不同，因而贝壳堤往往有许多道，埋藏着古海岸线迁移的"密码"。

贝博堂

贝壳的"蝴蝶效应"

贝壳看似渺小，作用却很大，在生态系统中扮演着重要角色。

贝壳是海洋和陆地的"**中间人**"，兢兢业业地执行着重要的生物传递。

贝壳乖乖"在家"，可以像"**502胶**"一样，让海滩保持稳定。

贝壳可以充当"**小房子**"，形成一个个海洋生物的"**小部落**"。

贝壳还是海洋中的"**环保大使**"，可以帮助稳定海洋中的碳酸钙浓度，可以吸附重金属，还能固碳，提高海洋吸收二氧化碳的能力。

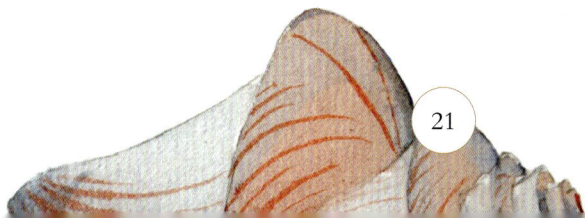

海洋中的"502 胶"

　　贝壳随着潮水在海滩和海水之间"迁徙"，是陆地和海洋之间的"中间人"。

　　贝壳老老实实"待在家"，可以减轻海水对沙滩的冲刷，防止沙滩逐渐被吞噬，保证沙滩的稳定性。

　　贝壳聚集在一起，还可以促进鱼礁的形成。把贝壳投放在海洋牧场中，人工鱼礁会形成得更快。

海洋生物"小部落"

　　贝壳可不仅仅是贝类的外壳,它们还是一座座"小房子"。海藻附着在上面生长,海洋微生物、小螃蟹、小鱼也在里面安家,形成了一个个生机勃勃的"小部落"。

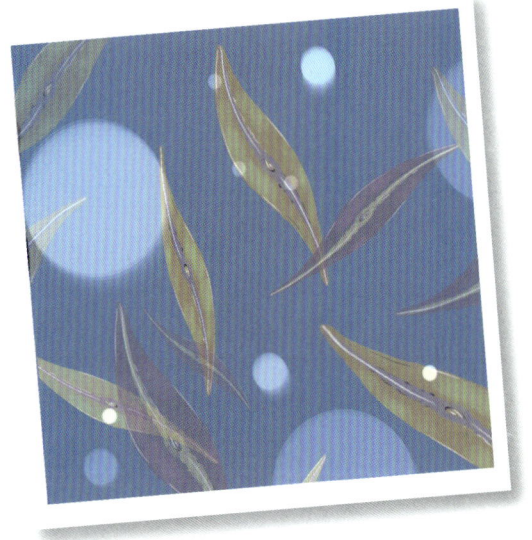

贝壳是很多海洋生物的家。

无论是在沙滩上还是在海水里，都有数不清种类的微生物住在贝壳里。

小鱼可以用贝壳藏身，躲避危险，或进行捕食。寄居蟹更是把贝壳当成自己的"房子"，扛着到处溜达。有的海鸟还会用贝壳建巢。

贝壳自然分解之后，还会释放出碳酸钙和微量元素，供养沙滩上或海水中的生物，也为活着的贝类提供钙质，让它们得以修建属于自己的"城堡"。

寄居蟹为什么住在贝壳里？

寄居蟹刚出生的时候身体比较柔软，容易被捕食，所以需要找一个适合的"房子"，保护自己。不过寄居蟹不光会寄居在空贝壳里，它们还经常进行暴力抢夺。比如，一只寄居蟹看上一只海螺的壳，就会向海螺发起进攻，把海螺弄死、撕碎。然后钻进去，用尾巴钩住螺壳的顶端，几条短腿撑住螺壳内壁，长腿伸到壳外爬行，用大螯守住壳口。这样，它就搬进了一个环保坚固的新家。

"拾荒老头儿"寄居蟹

寄居蟹小白,像虾又像蟹。它在沙滩上爬呀爬,寻找自己的"房子"。

小白左瞧瞧,右瞧瞧。沙滩好大,海水好蓝,漂亮的海螺好多好多。

它高兴极了,一个个凑过去瞧。唔,这个已经有寄居蟹住着了。唔,这个有大海螺在睡觉。这个贝壳太小啦。这个贝壳太重啦。

小白爬了好久好久,就是没挑到喜欢的"房子"。

忽然,它发现了一个与众不同的"贝壳"。

其他的贝壳都是螺旋状的,这个像是半个圆柱。顶部有好看的、规则的花纹,底部还是透明的,非常特别。

小白一眼看中了这个"贝壳",美滋滋地钻了进去。

终于遇到了心爱的"房子"，小白高兴极了，每天都开开心心的，不知不觉，过了好久。

这天，小白出门去。可是，它走到哪里，都有哄笑声。寄居蟹笑它，小鱼小虾也笑它。

"看，拾荒老头儿！"一只小海龟冲着同伴兴冲冲地喊道。

"啥，拾荒老头儿？"小白纳闷极了。

"对啊，你不是正顶着一个废瓶子吗？可不正是拾荒老头儿？"海龟妈妈笑着说。

小白惊讶极了，也难过极了，自己千挑万选的"房子"，竟然是别人扔掉的废瓶子！

它努力想要挣脱废瓶子，寻找新的贝壳居住。可是啊，它已经长大了，已经没法挣脱出来了。

从此以后，小白只能顶着这个废瓶子，到处走，到处受嘲笑。它的名字，也就变成了"拾荒老头儿"！

海洋"环保大使"

    贝壳是自然循环中的重要一环。它们可以帮助稳定海洋中的碳酸钙浓度，如果我们从大自然中带走太多贝壳，那么海水中碳酸钙的浓度就会相应下降，海洋生物的骨骼生长就会受到影响，其中也包括贝类。长此以往，附近水域，尤其是浅海水域中的生物会越来越少，无论是数量上，还是种类上。前面提过的依靠贝类生存的海藻、虾蟹、微生物等都会受到影响，整个生态环境也会进一步受到影响。

贝壳的前身贝类，也是环境保护的好帮手。它们可以分解油污，吸附重金属，净化海水。不仅如此，许多贝类由于四处游动，又能消耗海洋植物光合作用的产物，所以对于海洋中的碳有很好的调节作用。它们通过呼吸、排泄和钙化，将二氧化碳"搬运"到海底，提升海洋吸附二氧化碳的能力，是减轻温室效应的"幕后英雄"。

贝精彩教室

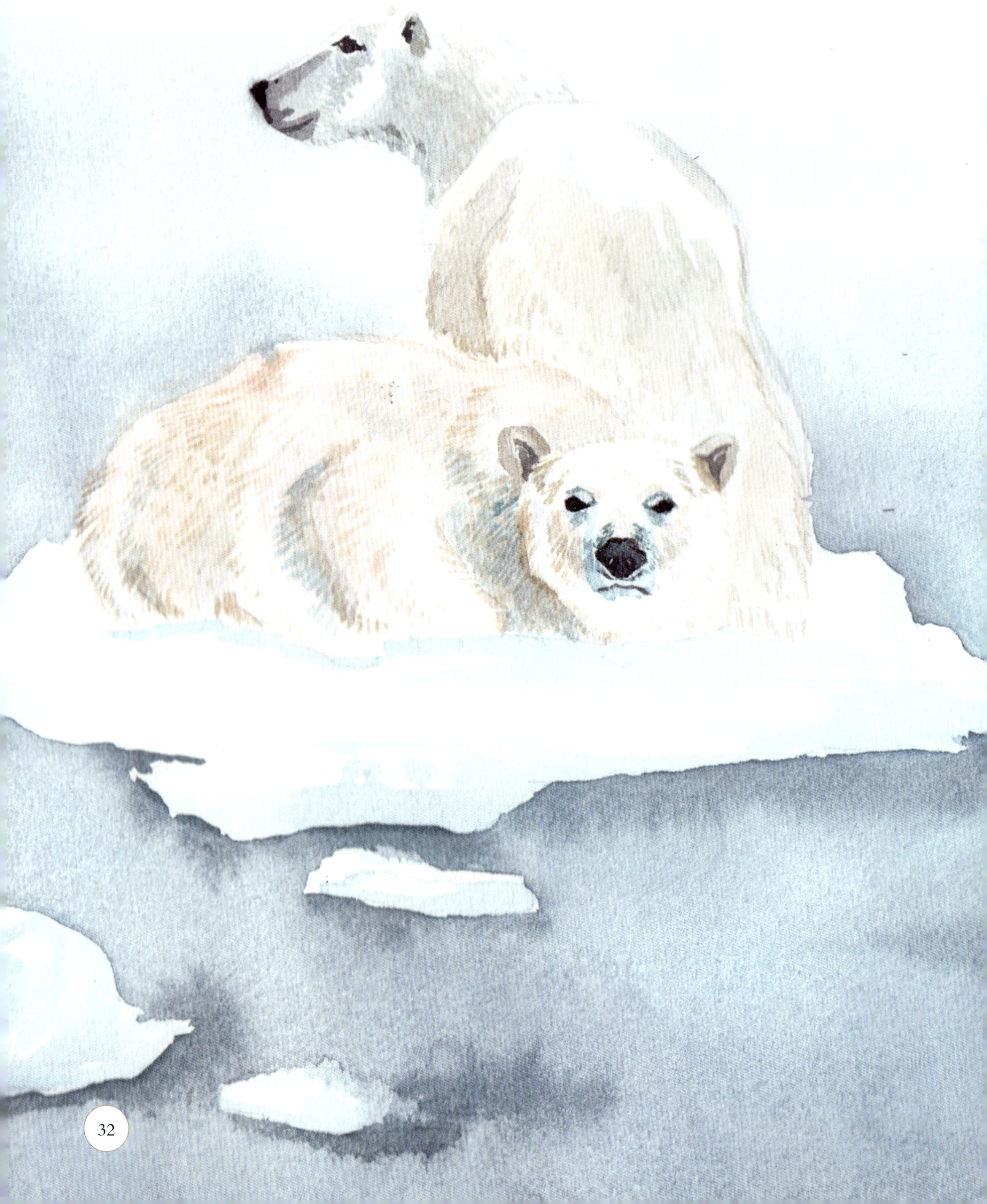

"碳，哪里跑！"

目前，导致北极冰川融化的全球气候变暖现象，已经成为大家关注的焦点，而造成这种现象的"罪魁祸首"就是温室气体的增加。

那么，我们应该如何减少二氧化碳等温室气体呢？首先，我们要节能降耗，减少温室气体的排放；第二，我们要通过工业手段或者生物固碳，固定并储存大气中的温室气体。

与直接减排和工业封存相比，生物固碳操作成本低，操作难度小，是目前应对气候变暖最经济、最有效的手段，比如植树造林，比如贝壳固碳。

初识碳元素

碳元素遍布于地球的大气圈、水圈、岩石圈和生物圈中，除了岩石圈所含的碳元素之外，全都参与生态系统的物质循环和能量流动。

自然生态系统分为陆地和水域两大生态系统，贝类属于水域生态系统。

水域中的植物进行光合作用，把水中的二氧化碳从无机碳转化有机碳。其中，一部分水生动植物被人们吃掉或者加工使用，将碳转移出来；另一部分则代谢和死亡，形成颗粒碳沉积于水底，将碳储存起来。

从这个角度看，渔业活动实际上就是把有机碳从水中转移出来的过程，我国的中国工程院唐启升院士率先提出"碳汇渔业"的概念。

捉碳小能手

　　人们目前对生物"碳汇"的认识，主要停留在森林植物通过光合作用将大气中的二氧化碳进行转化上，对植树造林分外重视，而对海洋的碳汇能力却认识不足，目前的研究主要集中于海洋大型藻类和贝类。

贝类"捕捉"碳的方式有两种，一种是软体组织生长，一种是形成贝壳。一方面，利用一些浮游生物与海洋中的废屑，贝类不断成长；另一方面，贝类通过生成贝壳，把大量含有碳元素的钙从海水中分离出来。

　　就养殖的贝类而言，贝壳的重量约占贝类总重的60%，贝壳的碳酸钙成分约占95%。如果海洋中生产1000千克贝类，平均固碳量为68.4千克，相当于固定250.8千克二氧化碳。

"鱼儿，快过来！"

　　为了保护生态环境，更好地开发渔业资源，同时满足休闲娱乐的需求，人们建了许许多多的人工鱼礁。它们有的是用钢筋混凝土做的，有的是用钢做的，有的是用石头做的，有的是用塑料和废弃物做的。可是轮胎、汽车、船等废弃物如果没有好好处理就用来做人工鱼礁的话，会对海水环境造成污染。

与此同时，每年人们都捕捞和养殖很多贝类，而大量贝壳却没有被好好地利用，而是直接被丢在一边。这些贝壳堆在一起，既占地方，又会因为分解等造成环境问题。

人工鱼礁需要环保材料，被丢弃的贝壳却堆在一起闲着，两种情况一碰撞，贝壳鱼礁的想法就诞生了。

鱼儿为什么喜欢人工鱼礁?

人工鱼礁"神通广大",它们可以引来鱼儿,让鱼儿在这里繁衍生息、躲避天敌。

至于鱼儿为什么喜欢人工鱼礁,有人说,是因为人工鱼礁使海水向上流动,带来了许多养分可供食用,所以鱼儿喜欢来这里;有人说,是因为人工鱼礁的表面可以长出附着生物,还可以让鱼卵得以附着和孵化;有人说,是因为人工鱼礁会产生阴影,很多鱼儿喜欢阴影;还有人说,是因为鱼儿可以在这里避避风浪、躲躲天敌。

不管原因究竟是什么,人工鱼礁成了鱼儿的乐园。

"天生丽质"的贝壳鱼礁

比起其他材质的人工鱼礁，贝壳鱼礁首先胜在"天然"。牡蛎壳、扇贝壳、蛤壳、海螺壳……统统都可以派上用场。它们容易获取，用来做贝壳鱼礁，正好变废为宝。

鱼儿大概是认出了这些原本就来自海里的"亲戚"，比起冷冰冰的混凝土鱼礁，它们更喜欢贝壳鱼礁。

贝壳鱼礁不但具有良好的生物亲和性，而且表面结构参差不齐，结构复杂，十分粗糙，因而有更多的生物可以附着在上面，这既有利于生态环境构建，又能为鱼儿提供更多的食物。

贝壳鱼礁在哪里？

贝壳鱼礁的"家"不尽相同，有的在潮间带上，有的在浅海里。

潮间带上的贝壳鱼礁主要用来修复天然牡蛎礁。美国是世界上最早投放贝壳鱼礁的国家。早在 20 世纪 60 年代，就有研究用附着牡蛎卵的牡蛎壳构建贝壳鱼礁，结果呢，三到四年时间，就形成了天然牡蛎礁。

后来，牡蛎壳还用来修筑海岸线、防浪堤，一是为了减轻海岸侵蚀，二是为了促进渔业发展。2010 年，英国石油公司墨西哥湾油井漏油之后，各个国家的海洋志愿者就在岸边堆积了很多袋装贝壳鱼礁，想要恢复天然牡蛎礁，恢复生态环境。

在我国的长江口沿岸，也堆放了一些圆柱型塑料网袋装的牡蛎壳，构建贝壳鱼礁，构建防浪堤，以促进天然牡蛎礁的恢复。

浅海的贝壳鱼礁更加丰富多彩。

在国外，早在 20 世纪 50 年代中期，美国就开始将贝壳作为人工鱼礁的选材。当时所用的贝壳五花八门，包括牡蛎壳、扇贝壳、蛤壳、海螺壳，等等。后期，牡蛎壳成为美国建造贝壳鱼礁的"主力军"。进入 21 世纪之后，日本的人工鱼礁建设也开始朝着贝壳鱼礁发展，他们主要选用扇贝壳。

相比美国和日本等渔业发达国家，我国的浅海贝壳鱼礁虽起步较晚，但也取得了一些成果，这些成果主要用于促进黄渤海海参等海珍品的增殖，以及提升贝壳的固碳作用。

贝壳鱼礁长啥样?

贝壳鱼礁可不是简简单单地把贝壳堆积在一起，它们的形态各不相同。

有的是将贝壳添加到人工藻礁中；有的是将贝壳及其碎片分别装进圆柱体框架内，然后再将它放进正方体架台内；有的是构建不锈钢网架，网架上开一些通水孔，网架里填充贝壳；有的是建造一个正方体混凝土框架，在框架里放置不锈钢网状管道，管道用贝壳填充；有的直接把贝壳嵌在钢筋混凝土方形框架的表面；有的将钢筋混凝土、尼龙网绳和贝壳组合起来，做成贝壳鱼礁，有方形的，也有三角形的……还有的把钢板焊接成框架，在框架里面放上贝壳网袋，外面连上苗绳，形成复合式人工藻礁。

百变贝壳

贝壳为人类所用，由来已久，除了用来当人工鱼礁，贝壳的用途异常广泛。

古代时，贝壳曾被当成钱币流通。美丽的贝壳可以用来观赏和装饰，也可以当作首饰。大小合适的贝壳可以用来盛放东西，比如盛盛美酒，当当花盆。

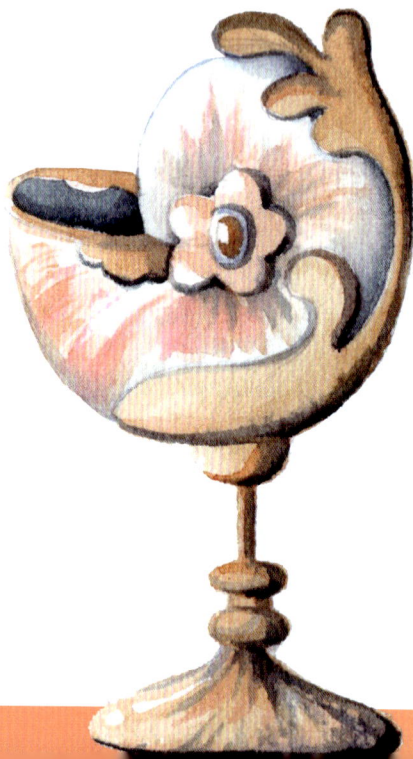

贝壳还可以入药，比如中药里常见的珍珠、石决明等，比如现代医学里用贝壳来制备活性离子钙等。贝壳含有大量碳酸钙，可以加工成饲料。

贝壳还是环保小能手，可以进行污水处理，可以构建海岸线。贝壳还可以用于融雪，用于食品保鲜等，堪称百变。

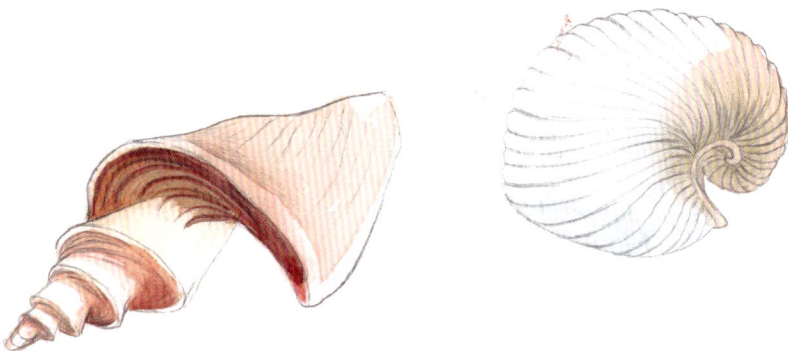

保护海洋，让贝壳回家

漫步在沙滩上，时不时能看到散落的贝壳，它们有的是扇形，有的是螺状，有的花纹美丽，有的素雅精致。随手捡起一枚贝壳，揣进口袋，放到家中，又美丽，又浪漫。

可是，你知道吗？许许多多的贝壳就这样离开了自己的家——海洋。而贝壳正是生态系统中的重要一环，贝壳纷纷"出门"的话，整个海洋生态系统都会受到影响，就像蝴蝶的翅膀轻轻一扇就能引起飓风一样。

漫步在公园里，时常能看到"不留痕迹"的标识，告诉我们不能随便采摘花朵。或许海滩上也应该增加标识，告诉我们不要随便捡贝壳，让它们在自己的家中自由自在地生活。

澳大利亚最南端的威尔逊岬国家公园中，已经设立了警告牌，告诉游客不要从海滩上带走贝壳。

来自美国佛罗里达州大学、佛罗里达自然历史博物馆和西班牙巴塞罗纳大学的研究人员对"无辜"的捡贝壳的行为进行了研究。研究小组认为，捡贝壳对海洋生态和功能的影响很大。他们建议，在那些游客特别多、盛产特别美丽的贝壳的海滩，应该立法限制游客带走贝壳的数量，这一做法已经在巴哈马和澳大利亚的一些地方执行。同时，也应该动员那些消费大量贝类食品的餐厅，让他们把废弃的贝壳收集起来，送到环保组织手中，然后环保组织可以有选择地把它们重新送回当地海滩。

蔚蓝行动，我能做什么？

让贝壳回家，担起补钙大责任，使海洋更健康！

让贝壳回家，当好海洋清道夫，使大海更清澈！

让贝壳回家，化身大气过滤器，使天空更湛蓝！

让贝壳回家，做好沙子好伴侣，使沙滩更美丽！

让贝壳回家，让我们一起保护海洋，爱护家园！

图书在版编目（CIP）数据

　　小贝壳　大世界. 第一辑 / 青岛贝壳博物馆编著. － 青岛：
中国海洋大学出版社, 2019.6
　　ISBN 978-7-5670-2164-8

　　Ⅰ. ①小… Ⅱ. ①青… Ⅲ. ①海洋生物－普及读物
Ⅳ. ①Q178.53-49

　　中国版本图书馆 CIP 数据核字（2019）第 067283 号

出版发行	中国海洋大学出版社
社　　址	青岛市香港东路23号　　　邮政编码　266071
出 版 人	杨立敏
网　　址	http://pub.ouc.edu.cn
电子信箱	wuxinxin0532@126.com
订购电话	0532-82032573（传真）
项目统筹	郭　利
责任编辑	吴欣欣　　　　　　　电　话　0532-85901092
知识审读	孙玉苗
装帧设计	祝玉华
照　　排	青岛艺非凡文化传播有限公司
印　　制	青岛海蓝印刷有限责任公司
版　　次	2019年6月第1版
印　　次	2019年6月第1次印刷
成品尺寸	200mm×260mm
总 印 张	19.5
总 字 数	300千
总 印 数	1-12000
总 定 价	165.00元（全5册）

发现印装质量问题，请致电0532-88785354，由印刷厂负责调换。

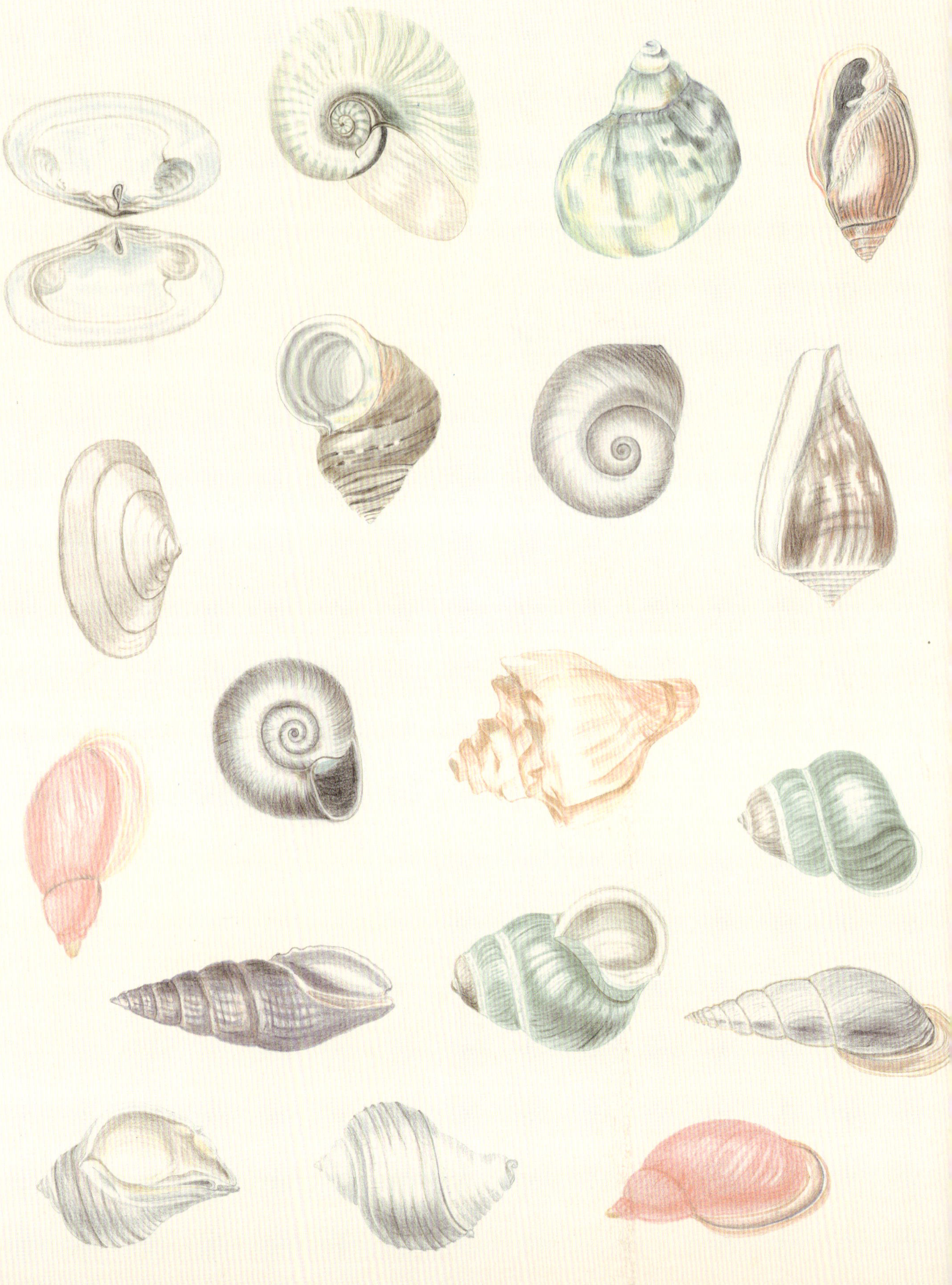

小贝壳 大世界

Little Shell Huge World

小贝壳 大世界

Little Shell Huge World

第一辑

⑤

贝壳与化石

青岛贝壳博物馆 / 编著

中国海洋大学出版社
·青岛·

一贝通世界

海贝不仅是海洋生物的代表，透过小小的贝壳还可以与天文、地理、物理、生物、化学、医药、建筑、美学、数学、哲学等近 24 个学科专业建立起桥梁关系。因此可以说，给你一枚贝壳，你就可以撬动一个世界。

"小贝壳 大世界"丛书依托青岛贝壳博物馆平台研究成果，带你一起探秘贝壳。旨在让更多青少年通过贝壳这个窗口了解海洋生物、认识自然；有助于培养青少年科学兴趣，建立科学思考的习惯，启发探索精神。

编创特色

✔ 坚持"人与自然和谐共存"的理念，主张科学知识与人文情怀并举。

✔ 素材生活化、趣味化，兼顾科学理论的同时，注重引导和培养孩子的兴趣。

✔ 每本书系统介绍一个主题，给出线索重在启发，锻炼孩子的整体观和创造力。

✔ 科学传真，图文并解，每本书有上百幅精细化插图及实景拍摄图片，以求提高孩子的审美鉴赏力。

✔ 本书涉猎贝壳来自全球 60 多个国家和地区，研究成果也是基于 STEAM 教育理念，打破常规学科界限设置，视野开阔，意在培养孩子们融会贯通的大能力。

编委会

主　　编　耿　秉

执行主编　李宗剑

编　　委　耿　直　丁晓冬　唐艳霞　张丽婷

　　　　　孙艳林　王　晓　吴欣欣　郭　利

本册文稿编撰　周佳禾

插　图　绘　制　隋宁宁

支持机构

青岛西海岸新区科学技术协会

青岛西海岸新区文化和旅游局

目录
Contents

沧海桑田

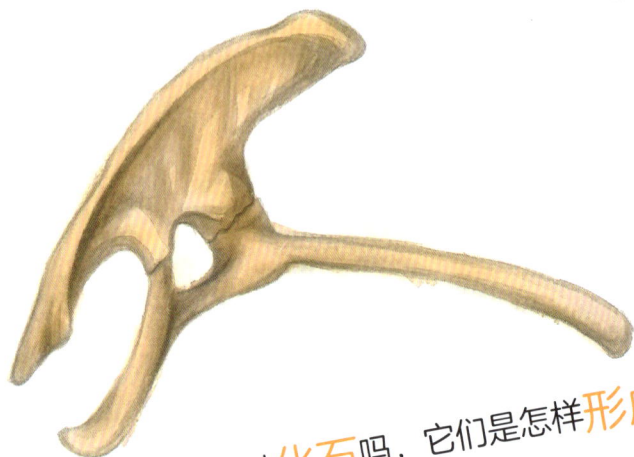

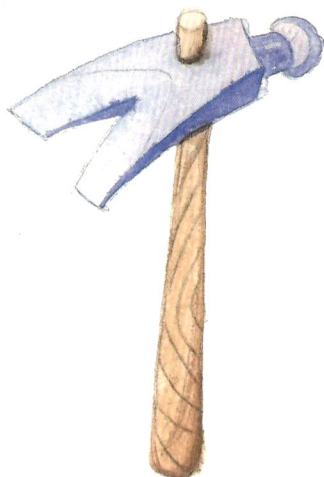

你见过化石吗，它们是怎样形成的呢？

我们居住的地球的历史，又是怎样记录的呢？

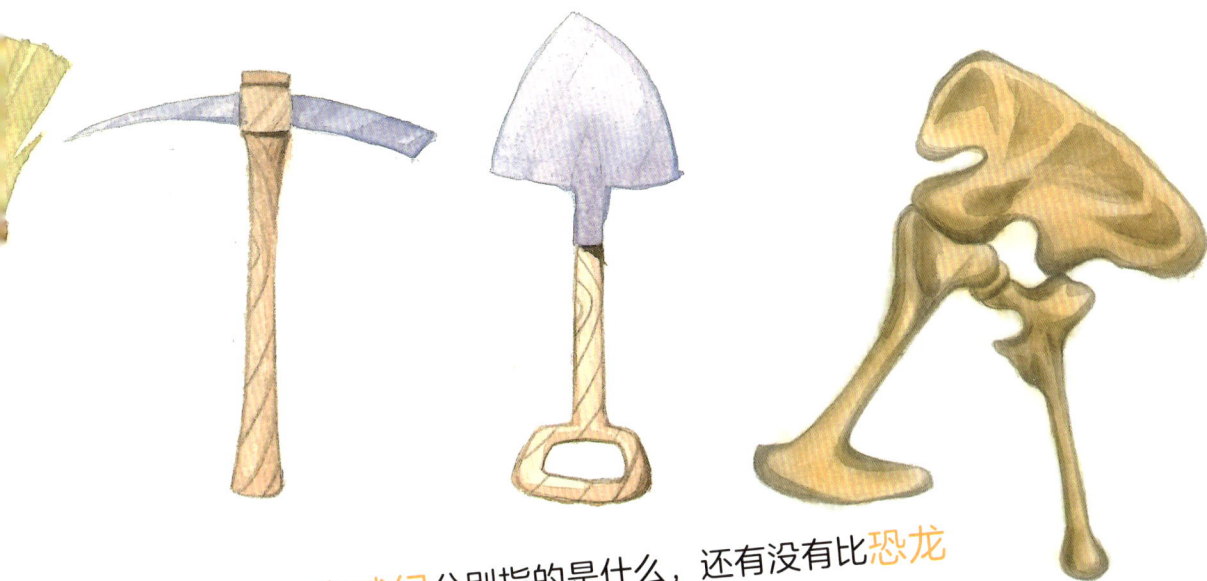

侏罗纪、寒武纪分别指的是什么，还有没有比恐龙更老的古生物？

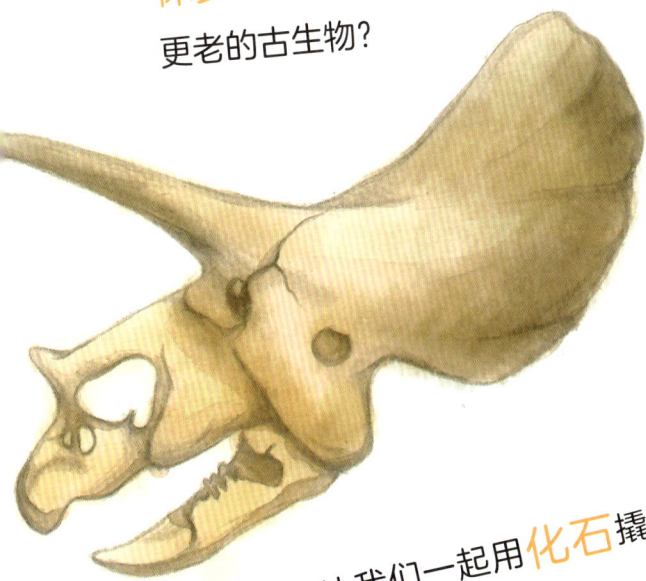

翻开这本书，让我们一起用化石撬开地球亿年前的时光吧。

▲ 贝壳化石

▲ 羽毛化石

化石，记录地球历史的特殊"文字"

在漫长的地质年代里，地球上曾经生活过各种各样的生物，这些生物生活时的痕迹或死亡之后的遗体，许多都被当时的泥沙掩埋起来，在一定的条件下变成了化石。

从化石中，我们可以看到古代生物的样子，从而可以推断出古代生物的生活情况和生活环境，可以通过一定手段测算出埋藏化石地层的年代和经历的变化，可以了解生物从古到今的变化等等。因此，化石被称为"记录地球

▲ 蜻蜓化石

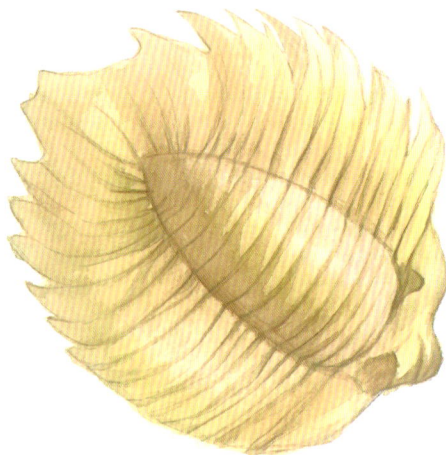

▲ 三叶虫化石

历史的特殊文字"。

化石一般可以分为实体化石、遗迹化石、模铸化石和分子化石四大类。在实体化石中，最常见的是骨头化石和贝壳化石。

▶ 海百合化石

▲ 鸵鸟蛋化石

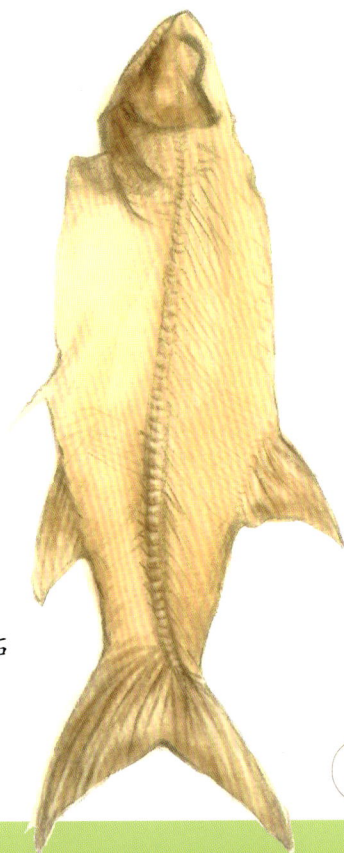

▶ 鱼化石

化石是怎样炼成的？

化石是指埋藏在地层里石化了的生物机体、遗迹和遗物的总称。

据科学家估计，1万个生物死亡之后，大概只有1个有可能成为化石，因此每一块化石都被视为珍宝。

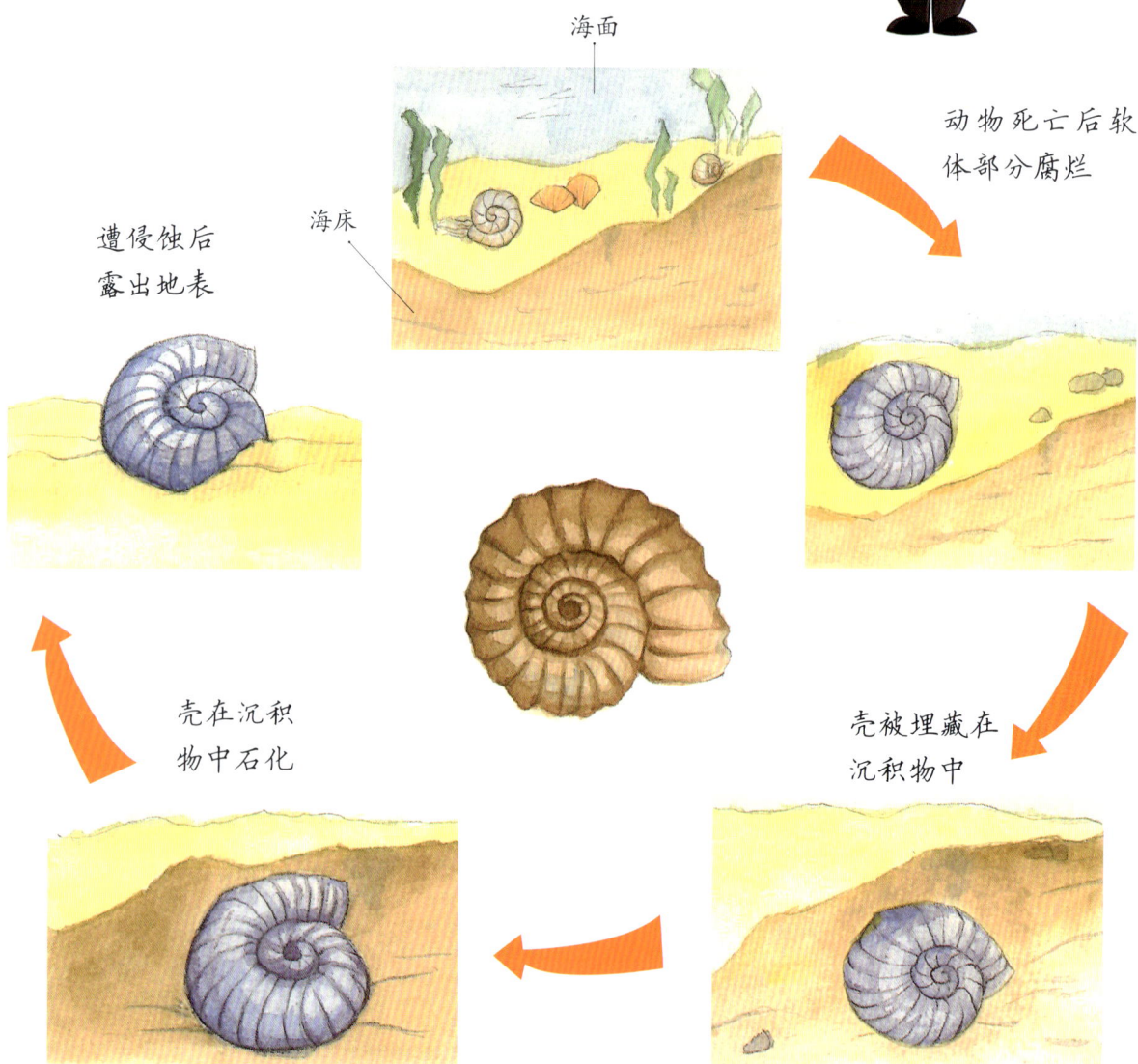

海面

动物死亡后软体部分腐烂

遭侵蚀后露出地表

海床

壳在沉积物中石化

壳被埋藏在沉积物中

化石修炼秘笈

化石的形成是一个随机的过程，通常情况下，生物死亡遗体腐烂后不会留下任何痕迹。化石得以形成和保存取决于生物本身条件，生物死后的环境条件、埋藏条件、时间条件、成存条件等。

秘 笈 一

死亡的生物体得到迅速掩埋，及时保存。

①

②

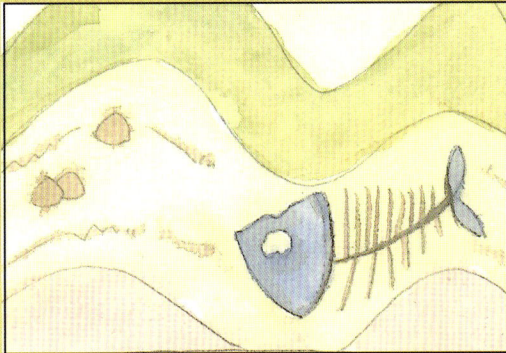

③

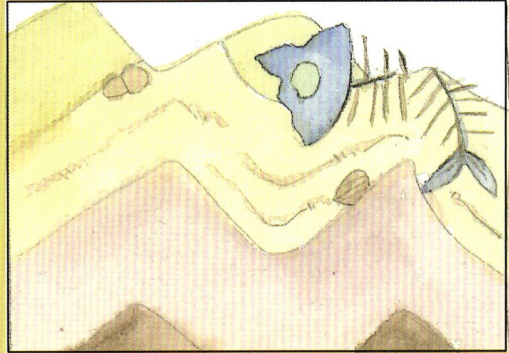

④

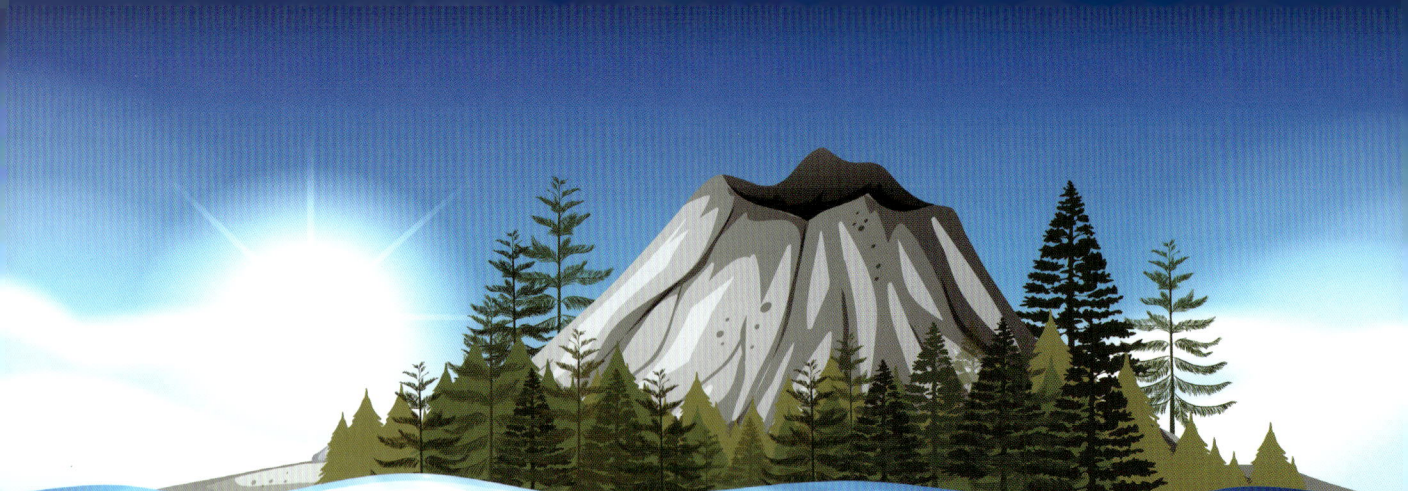

必须有一系列有利的特殊自然环境，比如海洋、森林等。

被掩埋的生物体硬质部分容易形成化石。

▲ 恐龙骨骼坚硬，
　容易形成化石

生物死去沉
入底质中

微粒状沉积物
将其覆盖

原状固结，体内
矿物质改变被其
他物质取代

化石

秘 笈 四

生物体在物理、化学过程的作用下有一个"石化"的过程。

经剥蚀化
石裸露

其上继续覆盖
形成岩石

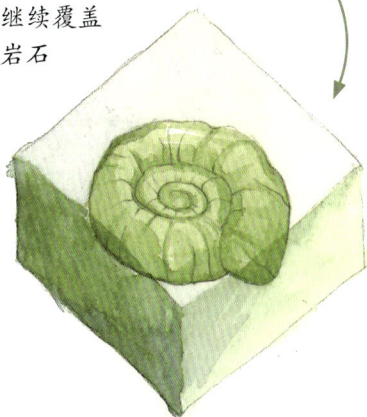

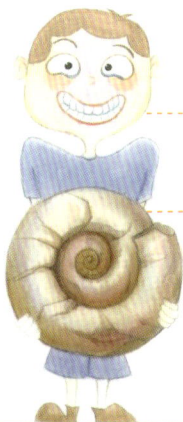

通关成功，化石炼成！

侏罗纪、寒武纪是怎么来的

相信不少人都听说过"侏罗纪""寒武纪"，这分别表示什么意思呢？要想弄清楚这个问题，必须要了解地质年代。

　　例如，在讲述历史事件时，我们会用到"明朝万历十五年"的方式，"明朝""万历""年"都代表不同的时间单位，地质年代也是如此。地质年代，指的就是地球发展的时间段落。这是科学家们为了方便区分年代，根据生物的演化阶段、特定生物群的出现、灭绝等方式划分出来的。

　　明朝万历十五年，即公元 1587 年。
　　明朝是朝代；万历是明神宗朱翊钧的年号，明朝使用万历年号共 48 年，为明朝所使用时间最长的年号；十五年，明神宗执政的第十五年。

2.3 亿年前恐龙出现

6500 万年前恐龙灭绝

2.95 亿年前发生最大规模生物灭绝事件

侏罗纪

三叠纪

白垩纪

二叠纪

古近纪

寒武纪

石炭纪

泥盆纪

志留纪　奥陶纪

前寒武纪

新近纪

4 亿年陆地上出现生命

800 万年前古人类出现

第四纪

36 亿年前生命出现

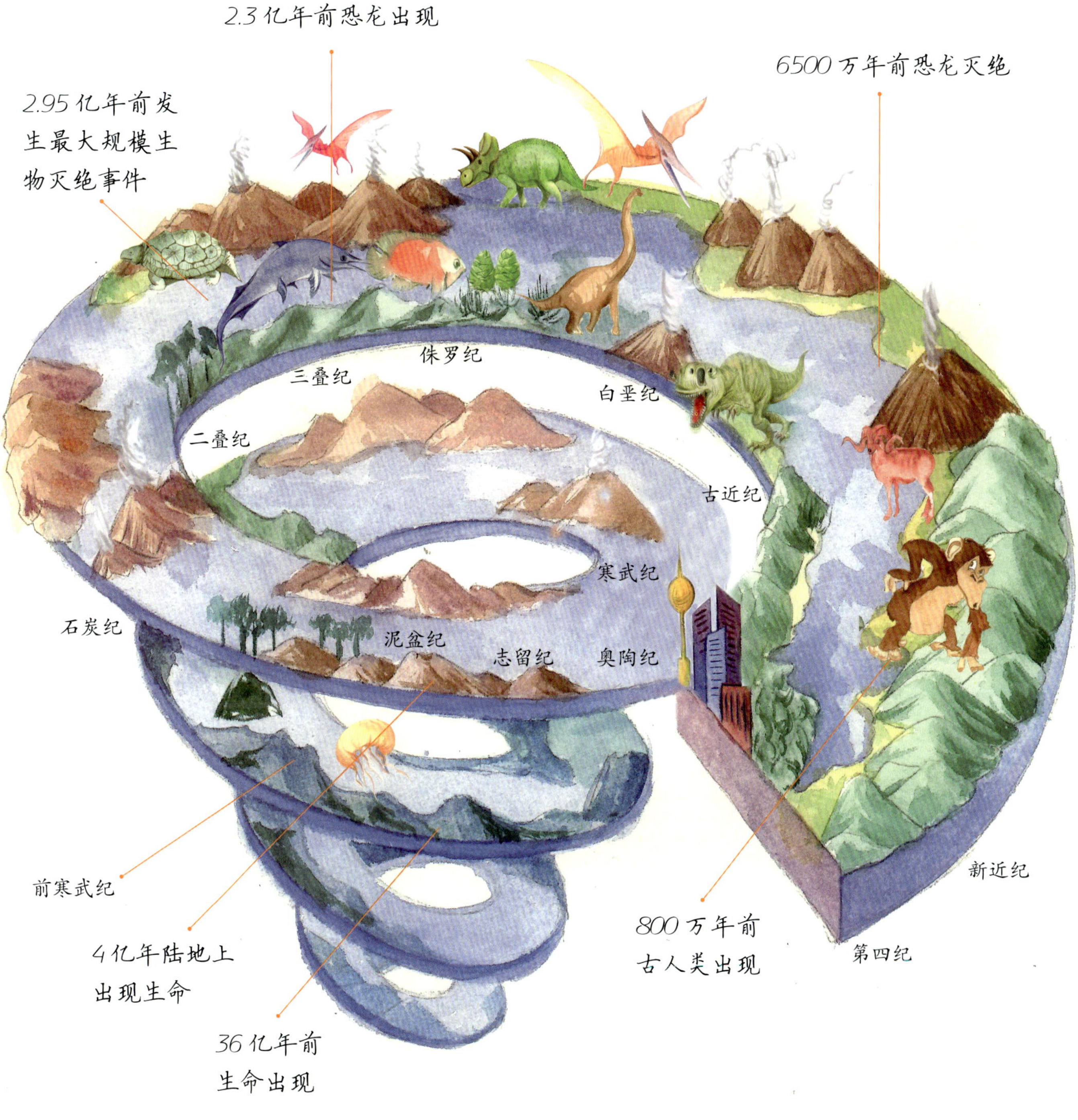

▲ 地质年代示意图

解码地质年代

地质年代，又被分为两种：绝对地质年代和相对地质年代。

张爷爷60岁了，这是绝对年龄。

人的一生可以分为婴儿、儿童、少年、青年、中年和老年阶段。这是相对年龄。

　　岩层从形成至今历经了多少"年"，指明岩层形成的确切时间，就是绝对地质年代。绝对地质年代分为宇、界、系、统、阶、带。对于地球而言，从形成起至今也可以分为若干个阶段，这诸多的阶段可以说明岩层形成的先后顺序和相对的新老关系，这就是相对地质年代。

　　相对地质年代通常比绝对地质年代使用得更普遍。

根据"宇宙大爆炸理论"，宇宙是由一个致密炽热的奇点，于137亿年前一次大爆炸后膨胀形成的，而地球，从形成到现在也已有超过45.7亿年的历史；

2017年，英国研究者声称，他们在加拿大发现了历来最古老的化石，显示在约43亿年前已有生命存在。这意味着地球上生命的出现比人类先前认为的更早。

由于火星和地球在同时期间都存在液态水，这项发现或许暗示，火星上也可能存在40亿年前的生命证据。

如果科学家在火星上确实能够找到相似化石，那就可以证明外星人的存在。

不可小觑的微体化石

除了肉眼能看到的大化石外，还有一种化石数量巨大，个头微小，需要借助显微镜方能观察，我们称之为"微体化石"，研究微体化石的学科称为微体古生物学。如有孔虫、放射虫、鞭毛虫、孢子、花粉等的化石都属于微体化石。

微体化石个头虽小，但是作用可大着呢。地质勘探、古生物研究、气候演变、能源发现都离不开它们的身影，甚至是大显神威。

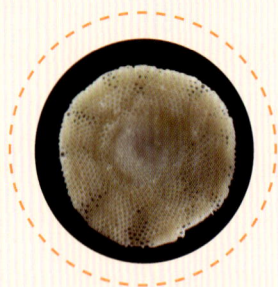

▲ 显微镜下的有孔虫

有孔虫有着 5 亿多年的历史，见证了生物的进化、气候的演变、地球的变迁。已知的有孔虫种类多达 4 万种，6000 余种尚存于世。有孔虫是对单细胞生物结构多样性的致敬，而它们多变的形态也使其成为测定沉积岩年代最有用的地质时钟。在石油勘探、污染监测中，有孔虫作用很大，被称为"大海里的小巨人"。

化石大观园

▲蜥蜴化石

▲海胆化石

▲ 红色珊瑚化石

▲ 树脂化石

◀ 树干化石

来，用贝壳化石，撬开地球五亿年前的时光

　　贝类在地球上出现的时间可以追溯到 5 亿年以前。在数亿年的时空演变中，地球生物经历了无数次的浩劫，贝壳化石留存较多。其中，有的可以追溯到寒武纪，有的长达十几米，有的被人类当作宝石，有的被人类奉为"神石"。来，跟我们一起用化石"撬"开地球五亿年前的时光。

　　贝类因为有外壳的缘故，形成化石的机会特别多。现在能找到的贝壳化石的物种和数量都非常庞大。

　　最为典型的化石群种是鹦鹉螺、菊石、角石、箭石。

　　从化石中可以看到古代贝类的形态，可以推断出古代贝类家族的生活情况和生活环境，可以推断出埋藏化石的地层形成的年代和经历的变化，还可以看到生物从古到今的变化等等。

双壳纲化石，"慢跑"的证明

双壳类化石经常集群出现，并且保留着贝类生活时的状态。大部分双壳类化石只有几厘米长，但也有一些巨型化石，如砗磲。

双壳纲经历了很长的地质时期，早在寒武纪的地层中就发现少量疑似种类，如同其他纲软体动物一样，到奥陶纪整个类群才真正确立下来，并开始分化。到奥陶纪末期，双壳光已经辐射演化至现今所占据的各个生态位。自那以后，整个类群便开始缓慢、稳定地增多及分化。双壳纲的演化进程十分保守，更像一场慢跑，而非后面提到的菊石那样疾速飞驰。

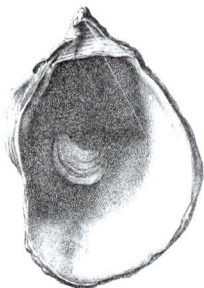

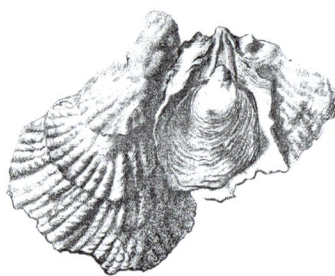

种类丰富的腹足纲化石

腹足纲动物适应各种各样的生态环境，从高山溪流到远洋深海都有分布，每一种生态环境都生活着特有的种类。海生腹足纲表现出很强的生态分区特征，即使在同一海岸，不同种类也会因其与潮汐线的关系、暴露程度、食性等因素而出现在不同的区域。

腹足纲化石常常是一堆杂乱无章的外壳，尺寸变化很大，小到1毫米，大至几十厘米。有的外壳厚实粗壮，有的则纤细易碎。腹足纲以外壳纹饰的多样性和美感著称，但这在大部分化石中都没有保存下来，一般只能保存为印模化石。此外，腹足纲是众多记录下更新世冰川进退所导致的动物群变化的化石类群之一。

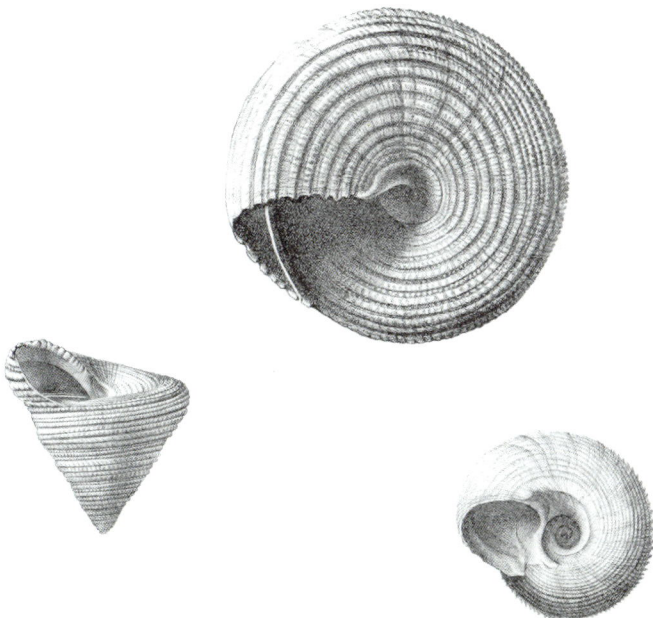

▲ 陆生蜗牛化石

菊石大揭秘

比恐龙还要老的远古海洋霸主

菊石是已绝灭的海生软体动物，与鹦鹉螺是近亲，是头足纲的一个亚纲。菊石因表面通常具有类似菊花的线纹而得名，它比恐龙的出现早1.7亿年。它最早出现在古生代泥盆纪初期（距今约4亿年），繁盛于中生代（距今约2.25亿年），广泛分布于世界各地的三叠纪海洋中，白垩纪末期（距今约6500万年）绝迹。菊石在化石动物群落中占有数量上的绝对优势。

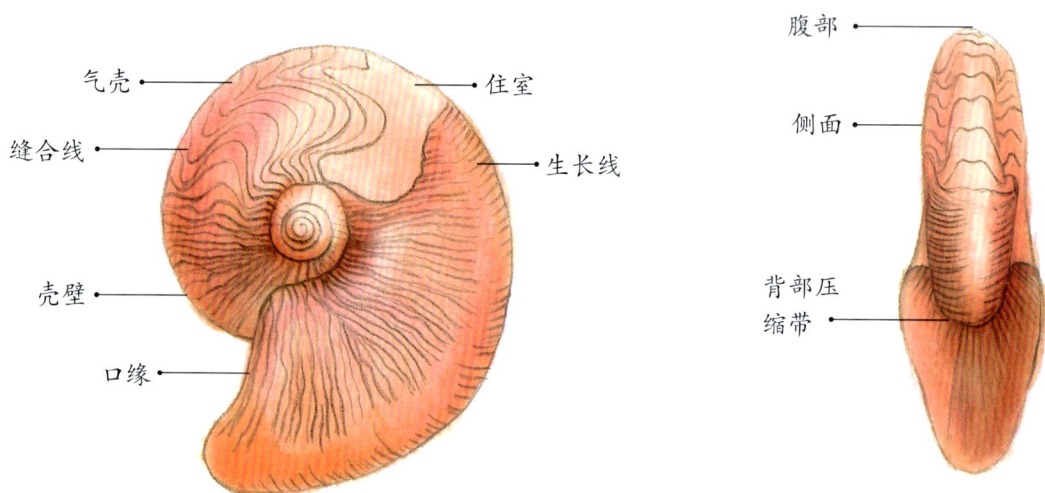

气壳　住室　缝合线　生长线　壳壁　口缘　腹部　侧面　背部压缩带

▲ 菊石壳体结构

菊石壳体的旋卷程度有很大的不同，大致可以分为松卷、触卷、外卷和内卷等。壳体外形也多种多样：由薄板状至圆球形，有的呈三角形旋卷，有的呈直杆状或呈环形，腹部尖形，平板状或圆形等。菊石壳体的大小差别很大，一般的壳只有几厘米或者几十厘米，最小的仅有 1 厘米，最大的则达到 2 米。

神奇复杂的缝合线

缝合线，在菊石的系统分类中具有特别重要的意义。

隔壁边缘与壳壁内面相接触的线叫做缝合线。

缝合线大体可以分成四类：无棱菊石型、棱菊石型、齿菊石型、菊石型。这四种缝合线从某种程度上也表示了菊石的演化程度：无棱菊石型生活在早、中泥盆纪；棱菊石型大多属于晚古生代；齿菊石型则多见于三叠纪；菊石型的则属中生代的侏罗纪及白垩纪。当然这只是大体上的情况，实际上一直到三叠纪都有棱菊石型的分布，齿菊石型在石炭纪已经出现，菊石型在早二叠纪也已经有分布。

无棱菊石型
缝合线

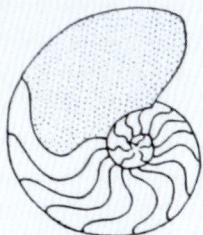

棱菊石型
缝合线

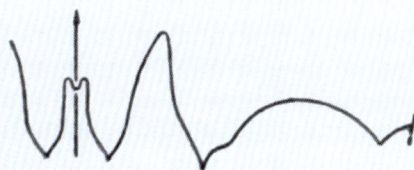

齿菊石型
缝合线

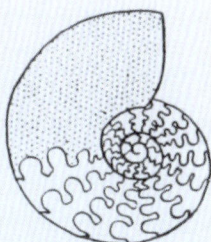

菊石型
缝合线

贝·博·士·提·示

探究小作业：复杂的缝合线有什么作用呢？

23

菊石还是鹦鹉螺，傻傻分不清楚

第 1 步

鹦鹉螺是一种"活化石"，主要生活在现印度洋和太平洋海区，它的存在已经有五亿年的时间，如同大熊猫一样珍稀，受到国家的保护。

菊石是一种已经灭绝的生物，主要存在于中奥陶世至晚白垩世。该化石在地层学和古生物学具有极大的科学价值。

▲ 鹦鹉螺

▲ 菊石

▲ 菊石活体

第2步

壳形上，鹦鹉螺的壳整体较厚，而菊石较薄且扁平。鹦鹉螺的壳是紧密内旋，而菊石的壳常有一定的外旋。

第3步

看体管。鹦鹉螺的体管在中央，而菊石是靠近腹侧。

第4步

看缝合线。鹦鹉螺的缝合线呈现曲线，而菊石就较为复杂，呈现出复杂的形态。

是谁"谋杀"了菊石？

海洋生物学家在大量的菊石化石中发现，大多菊石外壳上都留有被其他动物咬啮的痕迹。他们也在很多爬行动物化石的腹中发现了菊石。这说明，肉食爬行动物及鲨鱼等都有可能是行动缓慢的菊石的主要杀手。

我猜测，是流星撞击地球后不可避免地出现了"核冬天"，这使浮游植物因为极度缺乏阳光照射而"饿死"，从而对海洋食物链造成了致命的打击。菊石的幼体以这些浮游植物为食，所以也饿死了。

我觉得，菊石或许并没有灭绝，只是它进化中舍弃了外壳，以避免因目标太大而遭遇太多的捕食者，现代的枪乌贼也许就是菊石的后代。

同学们，你认为谁才是真正的杀手呢？

无与伦比的地层指示化石

菊石化石均产于浅海沉积的地层中，是划分和对比地层最有效的标准化石。在中国古生代和中生代地层中所含的各种菊石，都具有重要的意义。菊石是推算岩石年代最有用的化石之一。利用菊石，专家可以将地质年代划分精确到 50 万年。与地球 46 亿年的年龄相比，50 万年可谓是非常短的时间段。侏罗纪和白垩纪的大部分时期，就是利用菊石划分的。

在我国广西、贵州、青海和西藏的海相地层中都有发现菊石化石的记录，特别是在西藏的珠穆朗玛峰有大量的侏罗纪菊石化石。这是因为在 2 亿多年前，那里曾经是古喜马拉雅海，由于造山运动，地壳上升，海底变成了高山。因此，生活在海洋底层的菊石，就呈现在地面上，成为喜马拉雅山地壳

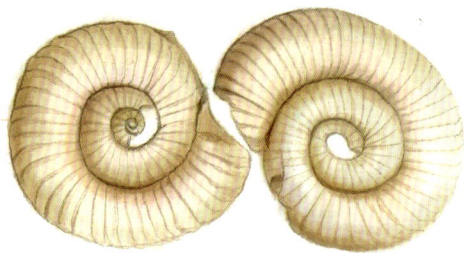

▲ 成双成对出现的菊石化石

运动变化的见证物，同时也为了解当地的古生态环境提供了有利的证据。

菊石化石多为绿色和红色，蓝色和紫色比较罕见，价值也更高。通常呈断裂状或片状，断裂的菊石酷似彩色玻璃，片状菊石的颜色比较连续，图案丰富被形象地称为"龙皮"的菊石有着磷片状外观，带条纹或裂痕的发光体则称为"月光"，还有些菊石绚丽如油画。闽、台一代民间认为菊石可以转运、行气，给人带来好运气、好风水，多喜收藏，室内成对摆放。不过菊石总体产量很大，它的科研价值胜过收藏价值。

传说中的菊石化石

"阿蒙神的角"

公元 88 年，罗马著名的博物学家普林尼第一个在著作中提到了菊石。他把菊石称作阿蒙神的角。阿蒙神原为埃及的风神和空气神，从公元前 2000 年到公元前 1360 年，阿蒙神在埃及诸神中占有显赫的地位，被尊为第一创造神，信奉阿蒙神的底比斯建有卡纳克神庙和卢克索神庙来供奉阿蒙。而阿蒙神的代表符号之一，便是长着两只螺旋形弯角的白羊，与菊石的盘绕状外壳极为相似。因而普林尼将菊石视为圣石，认为它有唤起未来的梦幻魔力。

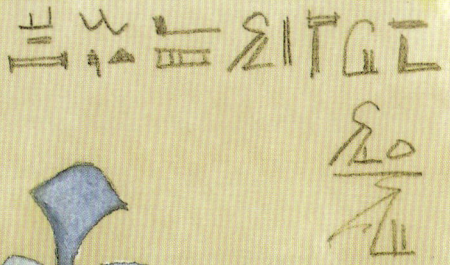

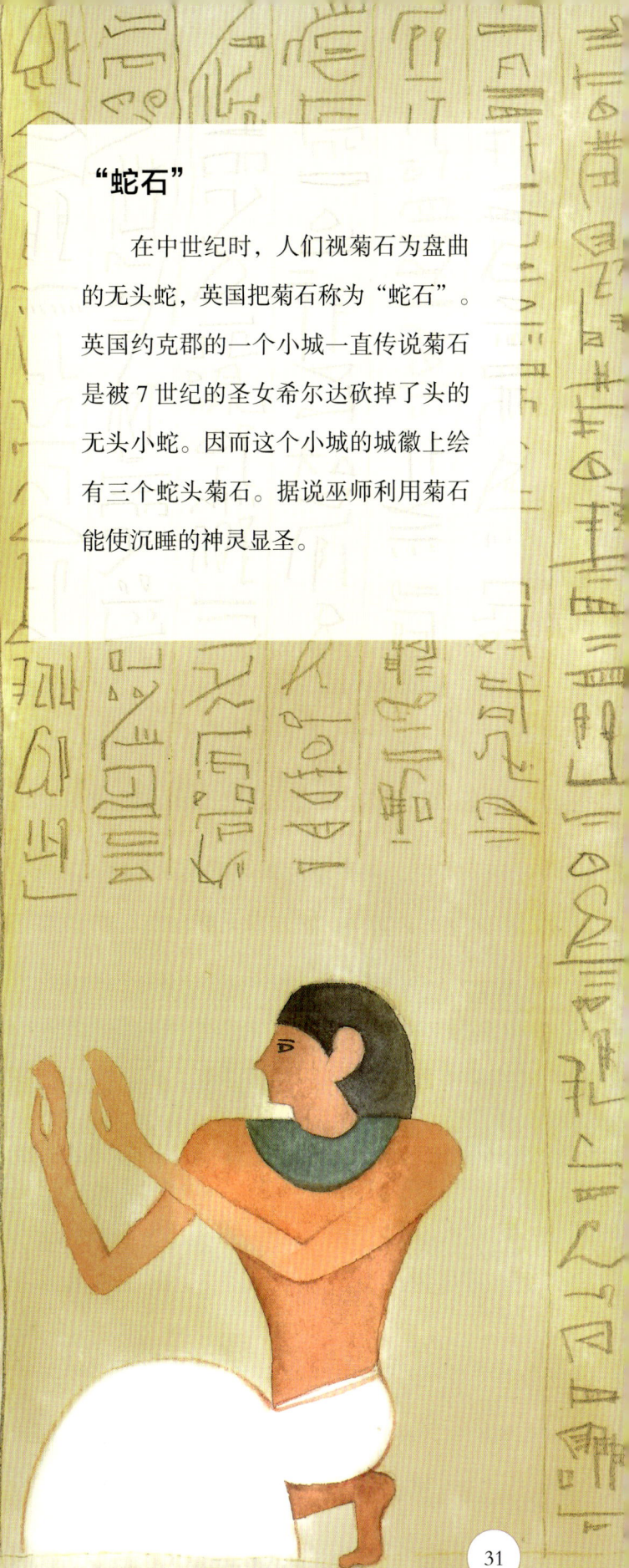

"蛇石"

　　在中世纪时，人们视菊石为盘曲的无头蛇，英国把菊石称为"蛇石"。英国约克郡的一个小城一直传说菊石是被 7 世纪的圣女希尔达砍掉了头的无头小蛇。因而这个小城的城徽上绘有三个蛇头菊石。据说巫师利用菊石能使沉睡的神灵显圣。

走进斑彩石

独一无二的斑彩石

斑彩石是菊石的一种，是自然界中历经了数千万年的地质作用形成的。斑彩石不仅颜色鲜艳，表层的裂纹也独具特色。在地下形成过程中，上覆岩层的压力不均匀，就会在斑彩石表面形成纵横交错的纹理，如同鱼鳞一般，五彩斑斓，异常美丽。每一块斑彩石上都包含了许多层面，就像一本书，由许多页绑定在一起，当阳光照射在不同的层面，就衍射出不同的颜色。由于每一颗斑彩石的层数都不同，使得每一颗斑彩石都有着不同的色彩、纹理、图案和质感。可以说，每一颗斑彩石都是独一无二的。

▲ 斑彩石

斑彩石的"主人"——斑彩螺

斑彩螺属于头足类软体动物。5亿年前，斑彩螺就已经生活在地球上了，直到6500万年前，与恐龙同时期消失。我们对斑彩螺的认知主要是从对它的唯一幸存的远亲鹦鹉螺的研究而来。

▲ 鹦鹉螺

◀ 斑彩螺

弥足珍贵的加拿大斑彩螺化石

在世界上所有的斑彩螺化石中，最与众不同，最灿烂耀眼的，当属产于加拿大南部的宝石级斑彩螺化石。它之所以如此不同，主要是因为加拿大的阿尔伯塔省南部的熊掌页岩地层是全世界唯一能开采到高品质斑彩石的地区。

▲ 宝石级斑彩螺化石

世界上其他地区的斑彩螺化石，其外壳在化石的形成过程中或多或少地慢慢分解了，而从这挖掘出的斑彩螺化石，其外壳作为化石的一部分被完整地保存了下来，得天独厚的地质情况完好地保存了斑彩宝石的特质，并将其转化为具有商业价值的真正有宝石级别的斑彩宝石。

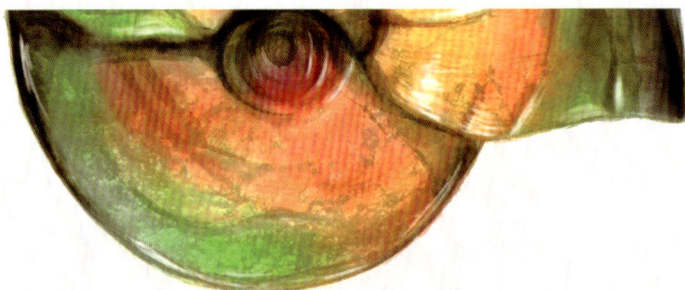

黑脚族的"水牛石"传说

相传，在一个大雪纷飞、寒冷刺骨的冬天，大风雪吹走了印第安土著黑脚族所有的粮食储备，眼看族人就要遭遇毁灭。

这天夜里，部落公主做了一个梦。她梦到，在女神指引下，来到一个五彩缤纷的宝石前，女神告诉她："你把这块宝石带回你的部落，它的魔力会给你们带来成群的水牛，这样就可以保证你们度过寒冬了"。

经过几天危险的旅行，公主果然在一个洞里发现了这块宝石，在斑斓的阳光下，璀璨夺目而富有魔力。

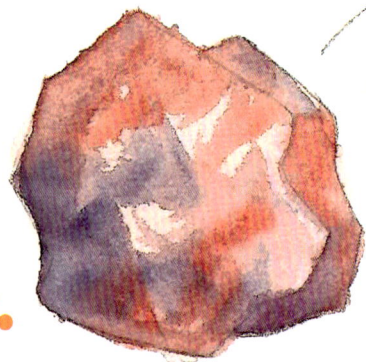

第二天，天塌地陷之声惊醒了众人。出门望去，部落不远处的草原上出现了水牛群。族人们对上天的恩赐欣喜若狂，感谢万分。

这个宝石就是斑彩宝石，它拯救了黑脚族人，并让这一部落繁衍至今。从此，黑脚族称斑彩石为"水牛石"。

5亿年前的海洋霸主——角石

　　差不多5亿年前，地球的海洋中生存着一种庞然大物——角石，也叫直壳鹦鹉螺。除了凶狠的触手和敏锐的感知器官外，它们还具有结构精巧的外壳。外壳上的横环和纵环使甲壳更加坚固，里面构造精良的气室能够像潜水艇一样带着鹦鹉螺穿梭在猎物丰富的水域，大部分动物只要被直壳鹦鹉螺盯上，必死无疑。直壳鹦鹉螺是在奥陶纪晚期到寒武纪大爆炸的海洋中的顶级掠食者，后因寒武纪大爆炸，以及更强大的生物出现使其灭绝。

角石，古生物无脊椎动物，具有坚硬的外壳，顾名思义，角石外壳的形状像牛或羊的角，一般是直的，也可以是弯的或是盘卷的。有些种类的外壳具有明显的螺旋线——证明其与中生代的菊石在进化上有亲缘关系，是奥陶纪海洋中分布最广的头足类，直至侏罗纪仍广泛分布于海洋中；古新世至中新世海洋中仍有分布，但已显示出无壳化的进化趋势。现存的鹦鹉螺即角石动物的后裔之一。

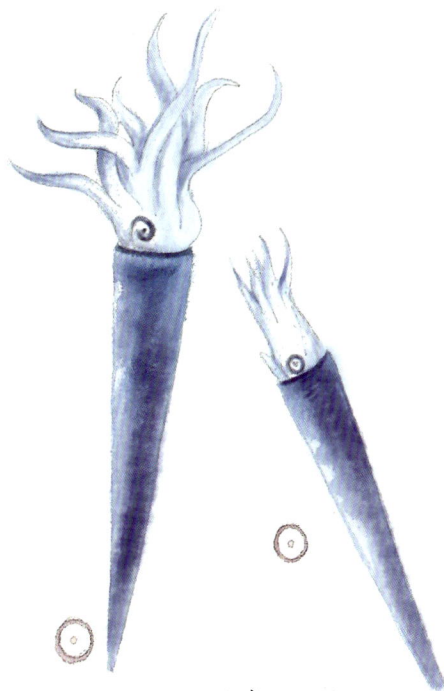

▲ 角石

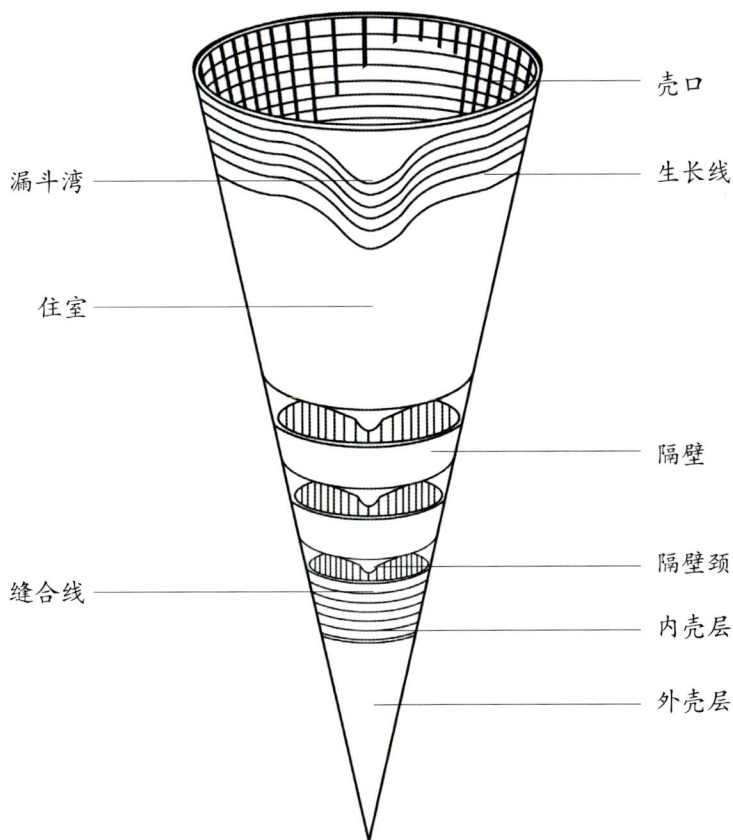

▲ 角石结构图

壳口
生长线
漏斗湾
住室
隔壁
隔壁颈
内壳层
缝合线
外壳层

我国角石化石资源非常丰富，北方奥陶纪地层中的鄂尔多斯角石、阿门角石、灰角石；南方奥陶纪地层中的震旦角石、盘角石、米契林角石等都是代表性属种，它们长期以来被有效地应用于划分对比地层。

中华角石

　　中华角石又称震旦角石，它的外型如同宝塔一样，所以还有宝塔石、直角石、竹笋石、太极石、塔影石之称。该石为古生物化石，外形呈圆锥形，一头尖，一头宽，表面发育有节、竖纹等，将它倒置有如一座宝塔，其石面有二三十节环状圈纹突起，亦犹似竹笋，如果剖面是横向，则似一幅太极图。

中华角石

物种名称：震旦角石

生存年代：中奥陶世

像托塔李天王手里的宝塔！

像我们平时吃的竹笋！

化石轶事：压腌菜的镇馆之宝

在南京古生物博物馆里头有一块化石和其他化石与众不同，这块化石名叫"中华震旦角石"，迄今已有4亿年历史了，是博物馆的"镇馆之宝"。

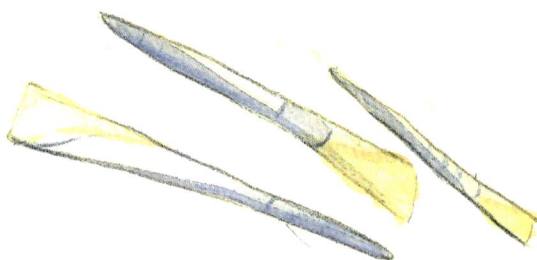

啊？这也太暴殄天物了吧！

不是每个人都知道石头的价值，这块石头在最初发现的时候竟然用来压腌菜的。

这块石头长 19 厘米，宽 11.4 四厘米，厚 2.5 厘米，上有竹笋状的美丽"图画"，侧面刻有题诗。

诗是这样写的：
南崖新妇石，
霹雳压笋出。
勺水润其根，
成竹知何日？

诗后面的落款为"庭坚"，后面还有印章。经多方专家研究考证，这首诗为宋代黄庭坚之作。

后来，据专家们的研究，这是一块距今 4 亿多年的中华震旦角石。其中的"竹笋"实际是一种无脊椎动物——震旦角。这块石头是目前全世界可考证的首块被人类收藏的化石标本，也是目前收集到的唯一一块化石和名家书法集于一身的艺术珍品。

箭石，箭石

　　箭石生活在泥盆纪至白垩纪，因有一个箭头状的鞘而得名。箭石与现代的乌贼比较相似，同属于头足纲，但壳体远比乌贼的壳体发达。箭石具有粗壮的钙质护甲，呈圆柱形，大量埋藏于中生代海相沉积中。其壳体主要由鞘、闭锥和前甲构成，鞘最容易成为化石。箭石分布十分广泛，常与菊石伴生，除用于确定地层时代外，还可测定当时水温，为确定古气候及大陆漂移提供资料。

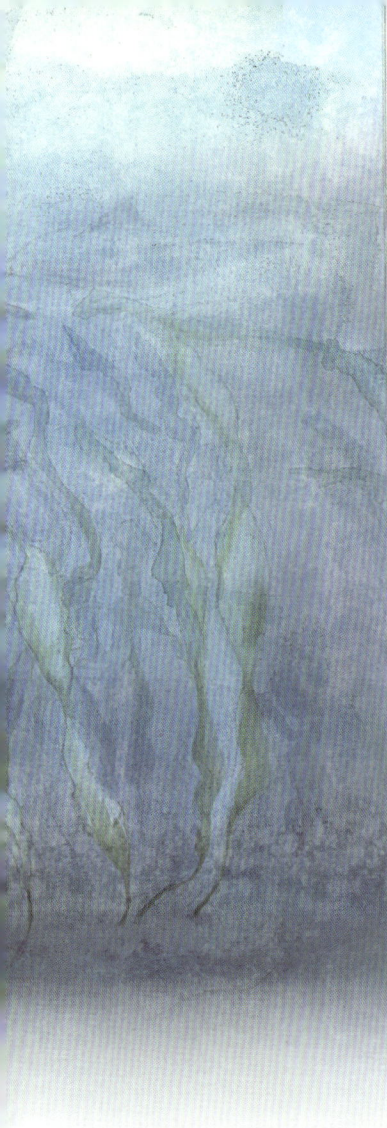

　　箭石是已灭绝的海生生物，身体较长，眼睛较大，整体外形类似枪乌贼。它大约长有 10 只触腕，这些触腕从头部末端伸出，并且全部带有吸盘和钩。箭石可以利用这些触腕抓取海洋中的小型生物作为食物。它身体前端的两侧长有翼状的鳍，能帮助它控制前进的方向并慢慢地游动。当遇到危险时，箭石主要靠向外喷射水柱推动自己快速前进以摆脱危险。

　　常见的箭石主要有圆柱箭石、前箭石、箭乌贼等。其中圆柱箭石是箭石家族中体形最大的一科，其长度能达到 25 厘米。

▲ 箭石

◀ 箭石

"世界屋脊"曾是汪洋大海

如果你在新疆，想看到大海，那可能需要奔波数千里之遥。可见，新疆距离大海还是十分遥远的。然而，你知道吗？在远古时期，这里也曾有一片汪洋大海。不信，有贝壳山为证。

我们说的贝壳山，现位于新疆克州乌恰县的一片荒漠地带。这儿的山上也是满满的石头，但不同的是，这些石头上面嵌满贝壳和藻类植物的遗迹，从山脚到山顶，大如铜钱、小如拇指，数以亿计的大大小小的贝壳同含有盐碱的泥沙凝结在一起，层层叠叠、千姿百态。仔细看，有的还能看到"珍珠"，不过已经钙化。化石上还有紫红色的铁质和钙质，胶结得十分紧密。据说，有人在这里还发现过鱼类的化石。

新疆克州乌恰县
古海遗址贝壳山

这里明明是高原，除了风沙和戈壁之外似乎连生命的迹象都很少，怎么会有这么多的贝壳呢？

贝博士提示

帕米尔高原海拔 4000 米～7700 米，是塔吉克语"世界屋脊"的意思。在 2.8 亿年前，这里是波澜壮阔的大海，气候温暖。大约在 2.4 亿年前，地壳运动活跃，很多地区相继脱离海浸，隆生为陆地，继而抬升成高原。这些裸露的贝壳化石就成为最有力的证据。

沧海桑田

沧海桑田这个成语就是这么来的吧？

图书在版编目（CIP）数据

　　小贝壳　大世界. 第一辑 / 青岛贝壳博物馆编著. − 青岛：
中国海洋大学出版社, 2019.6
　　ISBN　978-7-5670-2164-8

　　Ⅰ. ①小… Ⅱ. ①青… Ⅲ. ①海洋生物 − 普及读物
Ⅳ. ①Q178.53-49

中国版本图书馆CIP数据核字（2019）第067283号

出版发行	中国海洋大学出版社
社　　　址	青岛市香港东路23号　　　邮政编码　266071
出 版 人	杨立敏
网　　　址	http://pub.ouc.edu.cn
电子信箱	2654799093@qq.com
订购电话	0532-82032573（传真）
项目统筹	郭　利
责任编辑	郭　利　　　　　　　电　　话　0532-85902533
装帧设计	祝玉华
照　　　排	青岛艺非凡文化传播有限公司
印　　　制	青岛海蓝印刷有限责任公司
版　　　次	2019年6月第1版
印　　　次	2019年6月第1次印刷
成品尺寸	200mm×260mm
总 印 张	19.5
总 字 数	300千
总 印 数	1-12000
总 定 价	165.00元（全5册）

发现印装质量问题，请致电0532-88785354，由印刷厂负责调换。